Torbern Bergman

Kleine physische und chemische Werke

Torbern Bergman

Kleine physische und chemische Werke

ISBN/EAN: 9783741121968

Hergestellt in Europa, USA, Kanada, Australien, Japan

Cover: Foto ©berggeist007 / pixelio.de

Weitere Bücher finden Sie auf **www.hansebooks.com**

Torbern Bergmann,

weiland Professor der Chymie
und Ritter des Königlichen Schwedischen Ordens
von Wasa, rc.

Kleine Physische

und

Chymische Werke

Nach dem Tode des Verfassers herausgegeben
von

E. B. G. Hebenstreit,

Med. D. & P. P. E.

Aus dem Lateinischen übersezt

von

Heinrich Tabor,

der Arzneywissenschaft Doctor, ausübenden Arzte in
Frankfurt, und ordentlichen Mitgliede des
Senkenbergischen medicin. Instituts.

Sechster Band.

Frankfurt am Main,
bey Gebhard und Koerber,
1790.

Vorrede.

Mit dem fünften Bande glaubte ich, nach dem Versprechen des seligen Bergmanns dieses Werk geendiget; allein da der verdienstvolle Herr Professor Hebenstreit in Leipzig Materialien zu einem sechsten Bande geliefert, so hielte ich es für meine Schuldigkeit auch diesen ins Teutsche zu übertragen. Der laute Beyfall den unpartheyische Journale meiner Arbeit geschenkt, diente mir hinlänglich zur Vergeltung meiner darauf verwendeten Mühe. — Einige geringe und leicht zu übersehende Fehler die in der ersten Abhandlung des ersten Bandes sich eingeschlichen, werde ich, um das delikate Gefühl einer mir gehässigen Zeitung in Ruhe zu bringen, binnen

X

nen kurzer Zeit auf eine hinlängliche Weise in meinen noch herauszugebenden Zu-
sätzen berichtigen. — Diese Zusäze zu
den jezo gelieferten sechs Bänden sollen
aber auch zugleich den Endzweck haben,
die verwandte Materien jener sechs Bän-
de gleichsam concentrirt und in einem
Ueberblick meinen Lesern vorzusezen, die
über jede Materie eigene Meinung des
seel. Bergmanns zu abstrahiren, und sie
mit anderer gelehrten Männer Meinungen, Beobachtungen und Erfahrungen zu
vergleichen. Dadurch werde ich also jedem, dem das hohe Interesse chymischer
Wissenschaften nahe liegt, leicht eine Gelegenheit verschaffen, so vielfache und
verschiedene Resultate mit einander zu vergleichen, und sich durch eigene Erfahrungen von der Wahrheit der Dinge zu
überführen.

D. Heinrich Tabor

LXIII.
Von der Dämmerung.

§. 1.

Ohngeachtet jene luftige Flüßigkeit, wel=
che unsere Erde überall umgiebt, und
mit dem Namen Atmosphäre pflegt be=
legt zu werden, den Astronomen vieles Nach=
denken verursacht, weil sie die Strahlen der
Himmelskörper von ihrem gradlinigen Lauf zur
Abweichung bringt; so muß man sie doch zu
den herrlichsten Meisterstücken der Natur zäh=
len, welche uns deutlich zu erkennen geben,
daß der Urheber des Weltalls die größte Weis=
heit besitze, und daß seine Oekonomie zur Er=
haltung der geschaffenen Dinge die größte Be=
wunderung verdiene.   Denn vermittelst der
Atmosphäre athmen alle beseelte Geschöpfe, die
Vögel erheben sich dadurch in die Luft, und
schwimmen über das Meer; der Schall wird
dadurch fortgepflanzt und die Flamme erweckt

und erhalten; durch sie wird das Wasser auf dem ganzen Erdball zum Nutzen der Thiere und Pflanzen ausgetheilt; und vermittelst ihrer Mitwürkung das Sonnenlicht auf den Erdball so vertheilt, daß die auf dessen Oberfläche befindliche Gegenstände, welche von graden Strahlen nicht erleuchtet werden können, dennoch durch zurückgeworfene und gebrochene Strahlen sichtbar werden. — Es würde aber zu weitläufig seyn, wenn ich alle Würkungen der Atmosphäre, so wie sie gegenwärtig den Liebhabern der Naturhistorie bekannt sind, anführen oder wohl gar umständlich erklären wollte. Ich habe mir davon, zur Ausarbeitung gegenwärtiger akademischer Probeschrift, nur einen kleinen Theil gewählt, und werde hier in möglichster Kürze zeigen, auf welche Art die Atmosphäre verursache, daß nach Sonnen Auf- und Niedergang, ohngeachtet alsdenn ihre Strahlen nicht direct zu uns gelangen können, dennoch die irdische Gegenstände erleuchtet, und wir eine Zeitlang Licht geniessen; wodurch denn der Uebergang vom Tag zur Nacht, und von der Nacht zum Tag nicht plötzlich und auf einmal, sondern durch unmerkliche Grade geschiehet.

§. 2.

Unter dem Wort Dämmerung versteht man dasjenige Licht, welches man Morgens vor der Son-

Sonnen Aufgang allmählig zunehmen, und
Abends nach der Sonne Untergang abnehmen
siehet, wodurch denn die irdische Gegenstände
erleuchtet, und der Glanz der Sterne verdun-
kelt wird. Dieses Licht der Atmosphäre, welches dem Sonnenaufgang vorhergeht, nennt
man Morgendämmerung oder Morgenröthe;
und dasjenige Licht, welches nach Sonnenun-
tergang sichtbar ist, Abenddämmerung, oder
überhaupt Dämmerung.

§. 3.

Die Dämmerung wird von den Strahlen
erzeugt, welche auf die Theile der Atmosphäre
fallen, von derselben zurückgeworfen werden
und so zu unserm Auge gelangen. Denn wenn
keine Lichtstralen auf unser Auge fallen, so können wir nichts sehen, und da doch zu dieser
Zeit die Sonne, von welcher Hellung der Dämmerung entsteht, unter dem Horizont befindlich
ist, so folgt, daß ihre Strahlen nicht zu uns gelangen können, außer durch einen krummen Weg.
Dieses muß aber durch die Reflexion geschehen.
Es sey der Cirkel ABD (fig. 1.) die gemeinschaftliche Section der Oberfläche der Erde und
jener Verticalen, in welcher die Sonne unter
dem Horizont befindlich ist; die grade Linie HR
seye, die gemeinschaftliche Section eben dieser
Verticalen und des sichtbaren Horizonts, das
Aug habe seine Stellung in A, und ein an-

derer

derer Cirkel KFI in der Fläche des Cirkels
ABD, so mit demselben concentrisch ist, schlief-
set einen Theil der Atmosphäre ein, welche die
Kraft besizt die Sonnenstrahlen zurückzuwer-
fen. Hieraus ergiebt sich nun, daß keine grade Strahlen von der Sonne, welche unter
dem Horizont HR befindlich ist zu A gelangen können; weil zwischen dem Tangenten HR
und der Peripherie ABD keine grade Linie
gezogen werden kann, und die Erde als ein
durchsichtiger Körper den Strahlen den Durchgang verwehrt; die zurückgeworffene Strahlen können aber zu A gelangen, bis die Sonne die Tiefe ohngefähr eines halben Grads erlangt hat und so lange sie uns sichtbar ist,
man sagt alsdenn die Abenddämmerung fan-
ge an und die Morgendämmerung höre auf.
Gesezt aber die Sonne seye in S tiefer, als
daß man sie durch eine horizontale Refraction
sehen könne, so werden unzählige Strahlen
von ihr, z. B. SE, auf unzählige und von einer verschiedenen Höhe in der Atmosphäre befindliche Theile, z. B. auf E fallen, welche
von E zurückgeworfen werden, und nicht nur
zu dem Auge gelangen, sondern auch auf andere irdische Körper fallen und selbige sichtbar
machen. Auch viele von denjenigen Strahlen,
welche von irdischen Körpern zurückgeworfen
werden, fallen wiederum auf die Theile der
Atmosphäre, und vermehren also durch eine
viel-

vielfältige Reflexion das Licht der Dämmerung.

§. 4.

Wenn ohne Refraction die Strahlen durch die Atmosphäre fortgepflanzt würden, und ihre vielfältige Reflexion zur Erzeugung der Dämmerung nichts beytrüge, so wäre offenbar, daß die Abenddämmerung anfienge, wenn der folgende Rand der Sonne in dem Horizont befindlich wäre, und die Morgendämmerung sich endigte, wenn der vorhergehende Rand der Sonne im Horizont befindlich. Wenn die Sonne in der graden Linie HR (fig. 1.) befindlich, so kann die ganze Portion der sichtbaren Atmosphäre HEK von ihren Strahlen erleuchtet werden; diese Portion nimmt aber allmählich ab, und verschwindet endlich, wenn die Sonne in der graden Linie KL befindlich, welche von dem Punct K (bey der Durchkreuzung des Cirkels HEK und des sichtbaren Horizonts HR) geführt, den Cirkel ABD berührt; denn nunmehr wird nichts von der sichtbaren Portion der Atmosphäre HEK erleuchtet, und so endigte sich die Abenddämmerung und die Morgendämmerung fieng an. Da aber die Strahlen nicht ungebrochen durch die Atmosphäre gehen, so muß nothwendig dadurch das Ende der Abenddämmerung verzögert, und der Anfang der Morgendämmerung beschleu-

schleunigt werden, gleichwie auch wegen der
nemlichen Ursache die Abenddämmerung spä-
ter anfangt und die Morgendämmerung sich
früher endigt. Denn der Lichtstrahl IK, welcher auf den Punct der Atmosphäre K fällt
und die Erde berührt ist nicht derjenige, welcher von der Sonne ausgeht, wenn sie in der
graden Linie KL befindlich, sondern in einem
Punct P unterhalb dieser Linie, doch so daß der
Winkel PIL der horizontalen Refraction
gleichförmig sey. Denn der Strahl PI, welcher in die Atmosphäre in dem Punct I eintritt leidet eine Refraction, und I folgt nicht
der Direction von PI sondern von IK. Die
Sonne erleuchtet also in diesem Fall in einer
grösseren Tiefe unter dem Horizont die letzten Theile der sichtbaren Atmosphäre, als in
dem ersten, wo man voraussetzte, daß die
Strahlen keine Refraction erlitten. Auf die
nemliche Weise kann man auch einsehen, warum neben der Refraction die Abenddämmerung
spater anfange, und die Morgenröthe sich geschwinder endige. Und aus eben dieser Ursache erhellt auch, daß die Dauer der Dämmerung sich weder verkürze, noch verlängere, so-
lange die Horizontal-Refraction die nemliche
bleibt; Denn soviel hier die eine Gränze beschleunigt oder zurückgehalten wird, um so
viel wird auch die andere beschleunigt oder zurückgehalten.

§. 5.

§. 5.

Ich habe gesagt, daß mehrere ausgeworfe-
ne Strahlen von der Sonne, so lange sie unter dem Horizont befindlich, nach einer zwey
und dreyfachen, vielleicht auch vierfachen Reflexion, sowohl durch die Theile der Atmosphäre, als auch durch die Oberfläche der Erde,
zu unserem Auge gelangen. Aus dieser Ursache verändern sich die Gränzen zwischen der
Dämmerung und dem Tage nicht, welche nichts
destoweniger bey dem sichtbaren Durchgang der
Sonne durch den Horizont bleiben, daher kann
es aber auch geschehen, daß die Atmosphäre
mit einem hellern Lichte glänzet. In Rücksicht der Gränzen zwischen der Dämmerung
und der Nacht, so rühren selbige aus dieser Ursache her, und die Dauer der Dämmerung
wird dadurch verlängert. Es falle ein Strahl
QO (fig. 1.) auf einen Theil der Atmosphäre
O, ausser ihrem sichtbaren Theil HEK, dieser kann nun bey dem Punct N auf der O-
berfläche der Erde zurückgeworfen werden,
nachher bey M, und denn bey A. Hieraus
ergiebt sich, daß wenn auch die Sonne sich in
einer grössern Tiefe unter dem Horizont befindet, als daß irgend einige grade oder gebrochene
Strahlen zu irgend einem Theil der sichtbaren
Atmosphäre gelangen könnten, so wäre es doch
möglich, daß ihre Strahlen nach verschiedenen Brechungen in unser Aug gelangen, und

A 4

da-

dadurch die Gränzen der Dämmerung und
Nacht so verändert würden, daß die Dämme-
rung länger würde, und jenes weiße Licht der
Atmosphäre, welches unsere Landleute pflegen
Tag zu nennen, früher anfienge und sich spä-
ter endig e.

§. 6.

Ausser den angeführten Ursachen, giebt es
auch noch andere, welche das Licht der Dämmerung theils vermehren, theils seine Dauer
verlängern. Die um die Sonne befindliche Atmosphäre, ohngeachtet ihre lezte Theile hierinn
kaum eine merkliche Würkung leisten, (wie
man bey dem Zodical-Licht wahrnehmen kann,
welches an dem Himmel zugleich mit den Sternen sechster Grösse sichtbar ist) läßt doch vermuthen, daß derjenige Theil derselben, welcher
der Sonne zunächst ist, und von ihren Strahlen stark erleuchtet wird, auch Strahlen in unsere Atmosphäre werffe, und dadurch veran-
lasse, daß die Dämmerung nicht allein stärker
leuchte, sondern auch länger daure. Denn
jene Atmosphäre, welche die Sonne umgiebt,
nahet sich eher dem Horizont, und verläßt ihn
auch spater, als die Sonne selbst. Hieher
gehöret auch dasjenige Licht, welches man Nordschein nennet, und oft in der dunklen Nacht
mit einem starken Glanze den ganzen Himmel
erleuchtet, und sein Licht mit demjenigen der
Däm-

Dämmerung vermischt. Daher lassen sich in
diesen Landschaften die Gränzen zwischen Nacht
und Dämmerung nicht leicht bestimmen. Denn
obgleich der Nordschein sich sehr oft nicht deutlich durch verschiedene Farben, helle Bögen,
wellenförmige Bewegung und einem merklichen
Glanze an irgend einem Theil des Himmels
zu erkennen giebt, so ist dennoch sein Licht
durch die Atmosphäre so gleichförmig ausgetheilt, daß der heitere Himmel in der Mitte der
Winternächte mit einer weissen Farbe glänzet,
und eine Aehnlichkeit mit dem Lichte der Dämmerung besitzt.

§. 7.

Um die Tiefe der Sonne zu finden, oder
ihre Entfernung von dem Horizont, wenn die
Abenddämmerung aufhört und die Morgendämmerung anfangt, so muß man die Zeit in
Obacht nehmen, in welcher des Morgens die
Luft zuerst hell wird, oder die Morgendämmerung anfängt, und des Abends, wo alle Hellung verschwindet, oder die Abenddämmerung
aufhört. Man hält aber dieses vor den Anfang des Morgendämmerung, sobald die Sterne von der sechsten Größe des Morgens ver-
schwinden; und eben so hört die Abenddämmerung auf, wenn jene Sterne des Abends
zuerst sichtbar sind. Es seye ZQNH (fig. 2.)
der Meridian, HR der Horizont, EQ der Ae-

quator, ZN der Vertical-Zirkel, welcher durch
die Sonne , wenn sie in S befindlich gehet,
wenn die Morgendämmerung anfangt und die
Abenddämmerung aufhört. , Aus der beobachteten Zeit erhält man den Bogen des Aequators EO, und daraus den Winkel EPS, der
von diesem Bogen gemessen wird. Man sezt
auch voraus, daß es eine Breite des Orts gebe, daher erhält man den Bogen ZP, die Er-
füllung der Breite. Auch giebt es eine Abweichung der Sonne OS, welche nach ihrer
Theorie zu jeder Zeit gefunden werden kann,
und wenn man diese gefunden hat, so hat man
auch den Bogen PS. Also hat man in dem
sphärischen Dreyeck ZPS die Seiten ZP, PS,
zugleich mit dem eingeschlossenen Winkel ZPS;
nun findet man durch die Trigonometrie ZS
dessen Exceß DS über dem Quadrant ZD, ist
die gesuchte Tiefe der Sonne.

§. 8.

Die Entfernung der Sonne von dem Horizont, zu Anfange der Morgendämmerung,
und beym Ende der Abenddämmerung, fande
Alhazen 19°, Tycho 17°, Rothman 24°, Ric-
ciolus in den Aequinoctium Morgens 16° A-
bends 20°, 30', in dem Sommer Solstiti-
um Morgens 21, 25', in dem Winter-Sol-
stitium Morgens 17°, 25', gemeiniglich 18°.
Doch lassen sich hierinn keine gewisse Gränzen
be-

beſtimmen, weil die Luft zuweilen mehr zuweilen weniger verdichtet iſt, und nicht immer die nemliche Höhe behält. Daher ſind im Winter die Dämmerungen kürzer, weil die Luft alsdenn zuſammengedrückt iſt. Auch iſt die Atmosphäre Morgens niedriger, daher pflegen die Morgendämmerungen kürzer zu ſeyn, als die Abenddämmerung.

§. 9.

Den Ausmeſſer (finitor) der Dämmerung nennt man den mit dem Horizont parallelen Cirkel, in welchem ſich die Sonne befindet, wenn die Dämmerungen anfangen oder ſich endigen. Die Bögen (arcus) der Dämmerung aber heiſſen die aufgefangene Bögen der Parallelen des Aequators zwiſchen dem Horizont und dem Ausmeſſer der Dämmerung.

§. 10.

In einer graden Sphäre endigen ſich die Dämmerung geſchwind: in einer ſchiefen dauern ſie deſto länger, je ſchiefer die Sphäre iſt; in einer parallelen aber dauren ſie am längſten. Denn in einer graden Sphäre macht die Parallel, welche die Sonne bey ihrer täglichen Bewegung beſchreibt, mit dem Horizont einen graden Winkel. Da aber zwiſchen zweyen Parallelen auf der Sphäre, nemlich zwiſchen dem Horizont und dem Ausmeſſer der Dämme-

rung,

rung, der kürzeste Weg der perpendiculäre Bogen bey ihnen ist; so folgt daß in dieser Lage der Sphäre die Dämmerung sehr kurz seye, weil sie von dem Aufenthalt der Sonne in gedachten perpendiculären Bögen bestimmt wird.

Je schiefer die Sphäre ist, um so grösser sind die Bögen des Aequators oder dessen Parallelen zwischen dem Horizont und dem Ausmesser der Dämmerung; (wie solches aus der Lehre über die Sphären bekannt ist) je grösser aber diese Bögen sind, in einer desto längern Zeit werden sie von der Sonne beschrieben je schiefer also die Sphäre ist, um so länger ist der Aufenthalt der Sonne zwischen dem Horizont und dem Ausmesser der Dämmerung, und dieserwegen ist alsdann die Dämmerung länger.

Hingegen in einer parallelen Sphäre, wo der Ausmesser der Dämmerung dem Horizont parallel ist, hält sich die Sonne mehrere Monathe lang zwischen jenem und dem Horizont auf, daher denn bey dieser Lage der Sphäre die Dämmerung am längsten ist.

§. 11.

Damit man dieses um so deutlicher einsehe, so stelle HQR (fig. 3.) den Horizont vor, CDV den Ausmesser der Dämmerung, welcher gewöhnlich in einer Entfernung von 18°

von

von dem Horizont angenommen wird, AQ den Aequator, und aD, no. bC ꝛc. die Bögen der Dämmerung. Hieraus ergiebt sich nun, daß je schiefer der Aequator nach dem Horizont ist, um so grösser werden die Bögen der Dämmerung, je grösser oder kleiner aber das Verhältniß eines jeden Bogens gegen seinen ganzen Zirkel ist, um so länger oder kürzer wird die Dämmerung seyn, wenn die Sonne diesen Bogen beschreibt. Durch einen gewissen Punct D des Ausmessers der Dämmerung stelle man sich den größten Zirkel XDN vor, welcher den Zirkel der beständigen Apparition berührt, und da er dem Horizont auf der andern Seite des Meridians HZR begegnet, so berührt auch der Horizont den Zirkel der beständigen Apparition; und also sind die Bögen, wie hy, ad, cz, welche zwischen den Halbperipherien des Horizonts und des Zirkels XDN befindlich sind, sich gleich, (Pr. 13. Lib. 2. Sphaer. Theod.) und die Sonne beschreibt sie also in gleichen Zeiten. Der Zirkel XDN berührt entweder den Zirkel CDV, oder schneidet ihn durch. Im ersten Fall, wenn er ihn in D berührt, so wird durch D die Parallel des Aequators Da gehen. Beschreibt die Sonne diesen, so macht sie die kürzeste Dämmerung, denn in einer längern Zeit läuft sie die übrige Bögen der Dämmerung hC, no ꝛc. durch. Gesetzt nun, daß die Zirkel

kel Hfn (fig. 4.) den Zirkel CgV in eh
durchschneiden. (fig. 4.) Weil die Bögen
ea und hc gleich sind, so werden die Dämmerungen, wenn die Sonne jene beschreibt, gleichförmig seyn; aber kürzer, wenn die zwischen
liegende Bögen z. B. gb durchlauffen worden.
Hingegen in den Parallelen ausser ea und ch
vergrössern sich die Dämmerungen, weil die
Bögen der Dämmerungen grösser sind als genannte ähnliche Bögen. Wenn aber die Sonne durch das Parallel pq gehet, welches den
Ausmesser der Dämmerung nicht berührt, so
wird die Dämmerung die ganze Nacht durch
fortdauern.

§. 12.

Hieraus folgt, daß die Dämmerungen eine ganz andere Ordnung in ihrer Zunahme
und Abnahme beobachten, als die Täge und
Nächte. Denn die Täge nehmen bey uns beständig ab, und die Nächte vermehren sich um
diese Zeit, wenn die Sonne von dem Krebs
zum Steinbock übergehet. Die Dämmerungen aber sind in dem Sommer-Solstitium sehr
lang, und nehmen von da aus, wenn die
Sonne fortrückt, ab; aber nicht anhaltend bis
zu dem Steinbock, so wie die Länge der Täge;
denn in dem Punct der Ecliptic zwischen der
Waage und dem Steinbock wird die Dämmerung am kürzesten: von da nimmt sie wieder

zu, und ehe die Sonne zum Steinbock kommt,
wird die Dämmerung derjenigen gleich, wie
sie in dem Aequator gewesen. (Die Dämmerung würde aber doch zunehmen, ohngeachtet
die Täge abnehmen, wenn die Sonne über
den Winter-Tropicus hinausgienge. Wenn
die Sonne von dem Steinbock nach dem Krebs
zurückweicht, so vermindert sich auch die Dämmerung bis zu einem gewissen Punct zwischen
dem Steinbock und Widder, in welchem es am
kürzesten wird, ohngeachtet die Täge von dem
Steinbock bis zum Widder anhaltend zunehmen.

§. 13.

Die Entfernung der Parallel von dem
Aequator, in welcher die kleinste Dämmerung
ist, findet man auf folgende Art. Der Zirkel XDN (fig. 3.) berühre den Zirkel der
beständigen Abparition, wie vorher, und zugleich den Ausmesser in dem Punct D, und
es wird aus dem, was bereits gesagt worden,
folgen, daß der Bogen der Dämmerung Da
derjenige seye, welcher in der kürzesten Zeit
vollendet wird, dessen Entfernung von dem
Aequator jezo gesucht wird. Weil daher der
Zirkel XDN und der Horizont HR eben diesen Zirkel der beständigen Abparition berühren,
so werden sie sich ebenfals neigen bey dessen
größten Parallel, nemlich bey dem Aequator.
Die-

Dieserwegen ist der Winkel aqr gleich dem
Winkel DtT. Man führe ferner durch den
Zenith Z und den Punct D den Vertical-Zirkel ZD welcher den Aequater durchschneidet in
T. Also wird ZD, welches perpendiculär bey
HR ist, auch perpendiculär sey bey CV, und
also auch bey XDN, welches in dem Punct D
den Zirkel CV berührt. In den Dreiecken
lQT und DtT ist der Winkel TDt gleich dem
Winkel TlQ, ferner der Winkel TtD dem
Winkel lQT, und der Winkel lTQ dem
Winkel tTD, der ihm oben übersteht. Diese Dreyecke sind also auch gleichseitig, eben so
wie der Bogen TD dem Bogen Tl gleich ist;
aber Dl ist die Entfernung des Ausmessers der
Dämmerung von dem Horizont; lT gleich
der halben Entfernung dieser Zirkel. Auch wird
Dt gleich seyn Ql, aber Dt ist dem Qa selbst
gleich (Pr. 13. sphær. 2. Libr. Theod.)
also sind lQ und Qa einander gleich. Also giebt
es in dem Dreyeck lTQ der Winkel TlQ welches ein rechter Winkel ist, der Winkel lQT
ist gleich der Elevation des Aequators, und
die Seite lT um eine halbe Entfernung nemlich des Ausmessers der Dämmerung und des
Aequators; daher findet man lQ und Qa welches jenem gleich. Von a seye ein Bogen des
größten Zirkels ar verpendiculär nach dem Aequator gezogen, und dieses wird die Abweichung der Sonne seyn, welche man sucht. Nun
giebt

giebt es aber in dem Dreyeck aQr auſſer dem graden Winkel arQ, auch rQa, welcher der Elevation des Aequators gleich iſt, und die Seite Qa; man wird alſo durch die Trigonometrie die Seite ar oder die Abweichung der Sonne finden, unter welcher die Dauer der Dämmerung am kürzeſten iſt.

Weil nun gezeigt worden; daß der Vertical ZD den Aequator AQT zwiſchen dem Horizont HR und deſſen Parallel CV durchſchneide, ſo iſt offenbar, daß der Punct D, und alſo auch der Bogen des Parallel Dr, auf die andere Seite des Aequators AQT falle, in Rückſicht des ſichtbaren Pols B; und die gefundene Abweichung ſeye daher ſüdlich, wenn der ſichtbare Pol nördlich geweſen, nördlich aber wenn er ſüdlich geweſen.

Wenn man nun nach der vorhergehenden Analogie die Berechnung anſtellt, ſo iſt die geringſte Dauer der Dämmerung zu Upſal, wenn man die ſüdliche Abweichung der Sonne findet 7°. 52′ 13″ dieſes iſt nach unſerer Zeit gegen das Ende des Februars und Anfang des Septembers.

Eben dieſes Problem iſt auch ſehr gut von Herrn Hospital aufgelöſet worden. S. deſſen analyſe des infiniment petits, art. 50.

§. 14.

Auf folgende Weise findet man die Zeit, in welcher die Dämmerung die ganze Nacht dauert, wenn man die Elevation des Aequators hat. Man ziehe 18°, von der Elevation des Aequators ab, das Residuum wird die kleinste Abweichung der Sonne seyn, welche möglich ist, wenn die Dämmerung die ganze Nacht durch dauret. Man suche nachher in den Tafeln von der Declination der Sonne die Puncte der Ecliptic, mit welchen die gefundene Declination übereinkommt, oder durch eine Berechnung herausgebracht wird. Man berechne aus der Theorie der Sonne, oder suche aus den Ephemeriden die Tage, an welchen die Sonne in die gefundene Puncte der Ecliptic tritt, dieses werden aber diejenige seyn, in welchen die Dämmerung die ganze Nacht durch dauert. Man kann auch in den Ephemeriden ohne Berechnung der Länge der Sonne die Tage finden, an welchen die gefundene Declination eintrift.

Nach gemachter Rechnung, dauert die ganze Nacht durch die Dämmerung zu Upsal, ohngefähr von dem 21 April bis zu dem 21. August.

§. 15.

Um das Ende der Abenddämmerung und den Anfang der Morgendämmerung zu finden, welche

welche an einem gewiſſen gegebenen Ort, mit
der gegebenen Abweichung der Sonne übereinkommt; ſo ſeye mb (fig. 3.) ein Parallel,
welches die Sonne um dieſe Zeit beſchreibt,
und VC der Ausmeſſer der Dämmerung, wie
im vorigen, PmY der Zirkel der Abweichung
und Zm der Verticale, welcher durch m durchgehet, wo ſich die Sonne am Ende der Abenddämmerung und dem Anfang der Morgendämmerung befindet.   In dem Dreyeck PZm hat
man alle Seiten, denn PZ iſt das Complement von der Breite des Orts, Zm das Ag-
gregat aus dem Quadrant und der Entfernung
des Ausmeſſers vom Horizont, und Pm das
Complement von der Abweichung der Sonne.
Daraus erhält man nun, durch die Trig: ſphär.
den Winkel ZPm, und alſo den Bogen des
Aequators ApY, ſein Maas, welches, wenn
man es in eine Zeit verwandelt, die Entfernung angiebt, von dem Anfang der Morgendämmerung bis zu dem folgenden Mittag, oder
die Entfernung von dem Ende der Abenddämmerung bis zu dem vorhergehenden Mittag.

§. 16.

Aus dem gegebenen Halbmeſſer der Erde
zugleich mit der Depreßion der Sonne in dem
Anfang der Morgendämmerung oder dem Ende
der Abenddämmerung, beſtimmten die Alten,
welche auf die refractirende Kraft der Atmo-

B 2   ſphäre

ſphäre nicht acht hatten, die Höhe der Luft,
ſo die Sonnenſtrahlen zurückwirft; denn ſie
ſetzten voraus, daß die Gränzen der Dämmerung und Nacht eintreffen, wenn der Strahl
KL (fig. 5.) ſo von der Sonne grades Wegs
ausgienge, und die Erde'in D berührte, auf
den letzten Punct K der ſichtbaren Portion der
Atmosphäre fiel. Denn weil nach dieſer Hypothese der Strahl AK von K zurückgeworfen und bey dem Eintritt ins Aug bey A die
Erde berührt, eben ſo wie KD, ſo werden vermöge der Natur des Zirkels die Winkel KAC
und KDC rechte ſeyn, und alſo in dem Vier-
eck ACDK, die Winkel ACD und AKD zugleich genommen, den zwey rechten gleich ſeyn.
Hieraus folgt, daß der äuſſere Winkel DKR
gleich ſeye dem Winkel beym Centrum ACD:
das iſt, die Depreßion der Sonne unter dem
Horizont ſeye gleich dem Winkel ACD. Nun
wird aber der Winkel ACD von der graben
Linie CK zweyfach durchſchnitten. Alſo aus
dem gegebenen Winkel LKR oder der Tiefe
der Sonne 18°, indeme die Morgendämmerung anfängt und die Abenddämmerung ſich
endiget, erhält man den Winkel ACK 9°.
Und weil der Winkel CAK ein rechter Winkel iſt, und es auſſer dieſen Winkeln auch
noch ein Halbmeſſer der Erde AC giebt, ſo wird
es auch CK geben, deſſen Exceß EK über CE
die geſuchte Höhe der Luft iſt. Hieraus folgt
aber,

aber, daß man nach diesem Schluß die wahre
Höhe nicht erhalte, weil beyde Strahlen, sowohl DK als AK Refractionen erleiden, und
nicht in K, sondern in einem gewissen andern
Punct F unterhalb K zusammenkommen. Damit aber diese Höhe der Wahrheit um so näher komme, so nehme man an, daß die Strahlen, welche die Erde in dem Puncten A und
D berühren, gebrochen werden, und auf den
kleinen Theil F der obersten reflectirenden Luft-
Region fallen. Diese werden zwar zwischen
den Puncten AF und DE in etwas gekrümm-
ten Linien fortgehen, nachher aber gegen N
und O von einander abweichen durch die zunächst gradlinigte Wege FN und FO, welche bey AR und DK mit einem Winkel fast
von einem halben Grad abweichen; denn die
horizontale Refraction ist so groß. Wenn
man daher von C zu den Linien OF NF,
welche nach D und A gezogen werden, die perpendiculär Linien CM, CG herunterläßt, so
werden diese bey den perpendiculär Linien
AC und CD sich abneigen, so daß jede Winkel GDC, MCA um einen halben Grad sich
gleich kommen: CM und CG werden sich auch
zunächst um einen halben Durchmesser der Erde
gleich seyn; denn die Krümmung der Strahlen um F ist sehr gering. Wenn man also
CG vor den Radius annimmt, welches der
Wahrheit nahe kommt, so wird CF der Durch-

schnitt

schnitt des Winkels FCG, das ist, der Durch-
schnitt des Winkels ECD um den Winkel
GCD, oder die horizontale Refraction ver-
kleinert.   Damit man also die wahre Höhe
EF der reflectirenden Luft erhalte, so der Winkel DCE, welcher wie gesagt 9° ist, um einen halben Grad oder vielmehr um 33′ vermindert werden.   Hieraus erhellet daß der Exceß dieses durchschneidenden Winkels um 8½ Gr.
über den Radius eben das Verhältniß zu dem
Radius habe, als die Höhe der reflectirenden
Luft zu dem halben Durchmesser der Erde.

Man siehet aber, daß man auch dadurch
noch nicht genau die Höhe derjenigen Theile
wisse, welche in der Atmosphäre die Kraft haben, die Lichtstrahlen zu reflectiren, weil man
nicht mit auf die übrige Ursachen, von welchen
nach § 5. 6. die Dämmerung herrührt, ge-
rechnet hat; welche doch bewürken können, daß
die oberste Theile der Atmosphäre, welche man
um die Depreßion der Sonne von 18° erleuchtet siehet, ihr Licht nicht den Sonnenstrahlen zu verdanken haben, welche auf ihrem
Weg nur gebrochen oder zurückgeworfen zu
uns kommen, sondern denjenigen, welche nach
verschiedenen Reflexionen, die sowohl in der
Atmosphäre der Sonne als der Erde geschehen, zu uns kommen.   Die Würkungen dieser Ursachen aber zu berechnen, und daraus die
ange=

angeführte Auflösung dieses Problems zu verbessern, damit man die Höhe der reflectirenden Luft genau erhalte; dieses halte ich für sehr schwer, wo nicht gar für unmöglich. Mehreres hievon jezo zu berühren, gestattet mein diesmaliger Vorsatz nicht, womit ich also diese Abhandlung beschliesse.

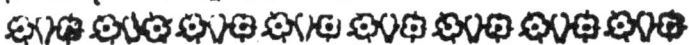

LXVIII.
Von der astronomischen Interpolation.

§. 1.

Ohngeachtet heut zu Tage unsere Sternwarten mit den genauesten Instrumenten versehen, und die practische Astronomie auf vielfache Weise erleichtert, und den Fleiß der vorigen Jahrhunderte übertrift; so kann man dennoch auch gegenwärtig, selbst bey den günstigsten Umständen, einen Irrthum von einigen Secunden nicht vermeiden; und obgleich dieses zuweilen wenig schadet, so erzeugt aber doch dieses nicht selten sehr grosse Irrthümer. Damit also die Astronomen bey der Ausmessung kleiner Quantitäten den Irrthum so viel als möglich, vermindern, so beobachten sie nicht unmittelbar diese kleine Quantitäten, sondern grössere, welche jene enthalten, und bringen aus denselben die mittlere Zahlen heraus.

Es

Es seye m, n, p, sehr kleine Raume am Himmel, s seye ihre Summe, e der bey dem Beobachten unvermeidliche Fehler, wenn nun diese kleine Raume durch unmittelbare Beobachtungen bekannt würden, so würden sie seyn $m \pm e$, $n \pm e$, $p \pm e$ und $s \pm 3$ e, $m \pm e + n \pm e + p \pm e$, beobachtet man aber den Raum s, so wird man selbigen finden $s \pm e$. Es ist also offenbar, wenn aus dem gegebenen $s \pm e$ gefunden wird m, n und p, so würde der Werth eines jeden nicht so viel von dem eigentlichen wahren Werth entfernt seyn, als $\pm e$ ausmacht, denn der Fehler vertheilt sich zwischen m, n und p; so daß die Summe der Fehler hier gleich seyn dem Fehler einer jeden Quantität in dem vorigen Fall.

§. 2.

Es seyen - - - p, q, r, s, t, u - - -
- - - a, b, c, d, e, f - - -

zwey solche Reihen von gewissen Quantitäten, daß mit jedem Terminus der obersten Reihe p ein gewisses a in der untern Reihe übereinkomme, welches aus der obern nach einem Gesez erzeugt worden. Die Termini p, q, r ꝛc. heissen die Wurzeln, und a, b, c ꝛc. die Functionen, so mit den Wurzeln übereinkommen.

Die

Die Erfindung der Wurzel von einer gegebenen Function, welche mit dieser übereinkommt, heißt die Interpolation, und wenn sie zurAuflösung aſtronomiſcherAufgaben gebraucht wird, ſo heißt ſie die aſtronomiſche Interpolation. Zu dieſemEnde zeigte der große Newton in den princ. math. phil. nat. libr. 3. lem 5 die Methode eine krumme Parabel zu finden, ſo durch iede gegebene Puncte durchgeht, wo er die Wurzeln für die Abſciſſe und die Functionen für die Ordinate nimmt; allein der berühmte F. C. Maier ſchlug in den Petersburger Abhandlungen Tom. 2. p. 180. einen für die Aſtronomen bequemern Weg ein, welchen ich in gegenwärtiger Abhandlung kürzlich erklären, und deſſen Anwendung zur Auflöſung aſtronomiſcher Fragen zeigen werde.

§. 3.

Aus dem angeführten erhellt, daß die größte Schwierigkeit in der Lehre von der Interpolation darinn beſtehe, daß man das Geſez von der Generation der Functionen erfinde. Es ſeye x eine Wurzel; g, h, k, --- n die beſtändige Quantitäten aus den Functionen a, b, c, --- f abſtammend; v die Zahl der Terminorum, und das allgemeine Geſez nach welchem eine iede Function von ſeiner Wurzel erzeugt wird, $g + hx + k x^2 \cdots n x^v$, ſo beſteht nun der Hauptumſtand bey der Reſolution darinn, daß man den Werth der Coef-

B 5   ficien-

ficienten g, h - - - - n, herausbringe, denn
wenn man diese weiß, so hat man auch das
Geſez der Generation.

§. 4.

Um gedachte Coefficienten zu beſtimmen,
(§. 3.) so ſetze man zuerſt wenige Termini in
jeder Reihe.

Zuerſt ſeyen p, q die Wurzeln
a, b die Functionen,

und es wird (§. 3.) das Geſez der Erzeugung
ſeyn g $+$ hx. Da nun x eine jede Wurzel anzeigt, so nehme man zuerſt an daß x $=$ p
und es wird g $+$ hp $=$ a ſeyn, und hernach
x $=$ q, daher g $+$ hq $=$ b. Aus dieſem
zwey gleichen Aequationen bekommt man nun
leicht $g = \dfrac{aq - bp}{q - p}$ und $h = \dfrac{b - a}{q - p}$ daher

das Geſez der Erzeugung $g + hx = \dfrac{aq - bp}{p - q}$

$+ \dfrac{b - a}{q - p} x = a - (a - b) \dfrac{x - p}{q - p} = L.$

Zweytens es ſeyn p, q, r, die Wurzeln
a, b, c, die Functionen.

Auf eben dieſe Weiſe laſſen ſich folgende Valo-
res herausbringen:

$$g' = \frac{aq-bp}{q-p} + \frac{a(r-q) -- b(r-p)\ c\ (q-p)}{(p-q)\ (r--p)\ (q-p)}\ pq$$

$$= g + \frac{a\ (r-q)\ -\ b\ (r-p)\ \dagger\ c\ (q-p)}{(p-)\ (r-p)\ (q-p)}\ pq$$

$$h' = \frac{b-a}{p-q} + \left(\frac{a\ (r-q) -- b(r-p)\ c\ (q-p)}{(r-q)\ (r-p)\ (q-p)}\right)\ (-q-p)$$

$$= h \dagger \left(\frac{a\ (r-q) -- b(r-p)\ \dagger\ c\ (q-p)}{(r-q)\ (r-p)\ (q-p)}\right)\ -q-p$$

$$k = \frac{a\ (r-q) = b\ (r-p)\ \dagger\ c\ (q-p)}{(r-q)\ (r-p)\ (q-p)}$$

und das Gesetz der Erzeugung $g' + h'\ x \dagger kx^2$

$$= a - \left\{{\dagger a \atop -b}\right\}\frac{x-p}{q-p} \dagger \left\{{\dagger a (r-q) \atop -b(r-p) \atop \dagger c(q-p)}\right\}\frac{x-p)\ (x-q)}{(q-p)(r-p)(r-q)}$$

$$= L \dagger \left\{{\dagger a\ (r-q) \atop -b\ (r-q) \atop \dagger c\ (r-p)}\right\}\frac{(x-p)\ (x-q)}{(q-p)\ (r-p)(r-b)} = L'$$

Drittens es seyen p, q, s, die Wurzeln
a, b, c, d, die Functionen

$$\text{so wird seyn} = g'' = g' - \left\{{\dagger a\ (r-q)(s-r)(s-q) \atop - b(r-p)\ (s-r)\ (s-p) \atop \dagger c(q-p)(s-q)(s-p) \atop -d\ (q-p)\ (r-p)(q-p)}\right\}$$

$$= pqr$$

$$\times \frac{- \; pqr}{(q-p) \; (r-p) \; (s-p) \; (r-q) \; (s-r) \; (s-q)}$$

$$h'' = h' \begin{cases} + \; a \,(r-q) \;(s-r)\;(s-q) \\ - \; b \,(r-p)\;(s-r)\;(s-p) \\ + \; c \,(q-p)\;(s-q)\;(s-p) \\ - \; d \,(r-q)\;(r-p)\;(q-p) \end{cases}$$

$$\times \frac{+ \; qp \; + \; pr \; + \; qr}{(q-p) \; (r-p) \; (s-q) \; (r-q) \; (s-r) \; (s-q)}$$

$$k' = k = \begin{cases} + \; a \,(r-q) \;(s-r)\;(s-q) \\ - \; b \,(r-p)\;(s-r)\;(s-p) \\ + \; c \,(q-p)\;(s-q)\;(s-p \\ - \; d \,(r-q)\;(r-p)\;(q-q) \end{cases}$$

$$\times \frac{- \; p \; - \; q \; - \; r}{(q-p) \; (r-p) \; (r-q) \; (s-r) \; (s-q)}$$

$$l = - \begin{cases} + \; a \,(r-q) \;(s-r)\;(s-q) \\ - \; b \,(r-p)\;(s-r)\;(s-p) \\ + \; c \,(q-p)\;(s-q)\;(s-p) \\ - \; d \,(r-q)\;(r-p)\;(q-q) \end{cases}$$

$$\times \frac{I}{(q-p) \; (r-p) \; (s-p) \; (r-q) \; (s-r) \; (s-q)}$$

und $g'' \; + \; h'' x \; + \; k' x^2 \; + \; l x^3 \; = \; L.$

$$\begin{cases} + \; a \,(r-q) \;(s-q)\;(s-r) \\ - \; b \,(r-p)\;(s-p)\;(s-r) \\ + \; c \,(q-p)\;(s-p)\;(s-q) \\ - \; d \,(q-p)\;(r-p)\;(r-q) \end{cases}$$

$$\times \frac{(x-p) \; (x-q) \; (x-r)}{(q-p) \; (r-p) \; (s-p) \; (r-q) \; s-q) \; (s-r)}$$

$$= \; L''$$

Vier.

Viertens es seyn p, q, r, s, t, die Wurzeln
a, b, c, d, e, die Functionen.

und es wird seyn

$$g \overset{'''}{=\!=\!=} g\dagger \begin{cases} \dagger\, a\,(r-q)\ (s-q)\ (t-q)\ (s-r)\ (t-r)\ (t-s) \\ -\, b\,(r-p)\ (s-p)\ (t-p)\ (s-r)\ (t-r)\ (t-s) \\ \dagger\, c\,(q-p)\ (s-p)\ (t-p)\ (s-q)\ (t-q)\,(t-s) \\ -\, d\,(q-p)\ (r-p)\ (t-p)\ (r-q)\ (t-q)\ (t-s) \\ \dagger\, e\,(q-p)\ (r-p)\ (s-p)\ (r-q)\ (s-q)\,(t-s) \end{cases}$$

$$\times\ \frac{pqrs}{(q-p)(r-p)(s-p)(t-p)(r-q)(s\cdot q)(t\cdot q)(s-r)(t\cdot r)(t\cdot s)}$$

$$h \overset{'''}{=\!=\!=} h\dagger \begin{cases} \dagger\, a\,(r-q)\ (s-q)\ (t-q)\ (s-r)\ (t-r)\ (t-s) \\ -\, b\,(r-p)\ (s-p)\ (t-p)\ (s-r)\ (t-r)\ (t-s) \\ \dagger\, c\,(p-p)\ (s-p)\ (t-p)\ (s-q)\ (t-q)\ (t-s) \\ -\, d\,(q-p)\ (r-p)\ (t-p)\ (r-q)\ (t-q)\ (t-s) \\ \dagger\, e\,(q-p)\ (r-p)\ (s-p)\ (r-q)\ (s-q)\,(t-s) \end{cases}$$

$$\times\ \frac{-\,pqr\,-\,qrs\,-\,sqp\,-\,rsp}{(q-p)(r-p)(s-p)(t-p)(r-q)(s-q)(t-q)\,s-r)(t,r)(t-s)}$$

$$k \overset{''}{=\!=} k\dagger \begin{cases} \dagger\, a\,(r-q)\ (s-q)\ (t-q)\ (s-r)\ (t-r)\ (t-s) \\ -\, b\,(r-p)\ (s-p)\ (t-p)\ (s-r)\ (t-r)\ (t-s) \\ \dagger\, c\,(q-p)\ (s-p)\ (t-p)\ (s-q)\ (t-q)(t-s) \\ -\, d\,(q-p)\ (r-p)\ (t-p)\ (r-q)\ (t-q)\ (t-s) \\ \dagger\, e\,(q-p)\ (r-p)\ (s-p)(r-q)\ (s-q)\ (t-s) \end{cases}$$

$$\times\ \frac{rs\,\dagger\,ps\,\dagger\,qs\,\dagger\,rp\,\dagger\,pq\,\dagger\,rq}{(q-p)(r-p)\ (s-p)\ (t-p)\ (r-q)\ (s-q)\ (t-q)(s-r)\ (t-r)\ (t-s)}$$

$$l \overset{'}{=} l\dagger \begin{cases} \dagger\, a\ (r-q)\ (s-q)\ (t-q)\ (s-r)\ (t-r)\ (t-s) \\ -\, b\ (r-p)\ (s-p)\ (t-p)\ (s-r)\ (t-r)\ (t-s) \\ \dagger\, c\ (q-p)\ (s-p)\ (t-p)\ (s-q)\ (t-q)\ (t-s) \\ -\, d\ (p-p)\ (r-p)\ (t-p)\ (r-q)\ (t-q)\ (t-s) \\ \dagger\, e\ (q-p)\ (r-p)\ (s-p)\ (r-q)\ (s-q)\ (t-s) \end{cases}$$

$$\times \frac{-p \;-\; q \;-\; r \;-\; s}{(q\text{-}p)(r\text{-}p)(s\;p)(t\text{-}p)(r\text{-}q)(s\cdot q)(t\;q)(s\text{-}r)(t\text{-}r)(t\text{-}s)}$$

$$m = \begin{cases} \dagger\, a\,(r\text{-}q)\,(s\text{-}q)\,(t\text{-}q)\,(s\text{-}r)\,(t\text{-}r)\,(t\text{-}s) \\ -\, b\,(r\text{-}p)\,(s\text{-}p)\,(t\text{-}p)\,(s\text{-}r)\,(t\text{-}r)\,(t\text{-}s) \\ \dagger\, c\,(q\text{-}p)\,(s\text{-}p)\,(t\text{-}p)\,(s\text{-}q)\,(t\text{-}q)\,(t\text{-}s) \\ -\, d\,(q\text{-}p)\,(r\text{-}p)\,(t\text{-}p)\,(r\text{-}q)\,(t\text{-}q)\,(t\text{-}s) \\ \dagger\, e\,(q\text{-}p)\,(r\text{-}p)\,(s\text{-}p)\,(r\text{-}q)\,(t\text{-}q)\,(t\text{-}s) \end{cases}$$

$$\times \frac{I}{(q\text{-}q)(r\text{-}p)(s\text{-}p)(t\text{-}p)(r\text{-}q)(s\cdot q)(t\text{-}q)(s\text{-}1)(t\text{-}r)(t\text{-}s)}$$

$$\text{und } \overset{III}{g} \;\dagger\; \overset{III}{hx} \;\dagger\; \overset{I}{kx^2} \;\dagger\; \overset{I}{lx^3} \;\dagger\; mx^4 = \overset{III}{L}$$

$$= \overset{II}{L}$$

$$\dagger \begin{cases} \dagger\, a\,(r\text{-}q)\,(s\text{-}q)\,(t\text{-}q)\,(s\text{-}r)\,(t\text{-}1)\,(t\text{-}s) \\ -\, b\,(r\text{-}p)\,(s\text{-}p)\,(t\text{-}p)\,(s\text{-}r)\,(t\text{-}r)\,(t\text{-}s) \\ \dagger\, c\,(q\text{-}p)\,(s\text{-}p)\,(t\text{-}p)\,(s\text{-}q)\,(t\text{-}q)\,(t\text{-}s) \\ -\, d\,(q\text{-}p)\,(r\text{-}p)\,(t\text{-}p)\,(r\text{-}q)\,(t\text{-}q)\,(t\text{-}s) \\ \dagger\, e\,(q\text{-}p)\,(r\text{-}p)\,(s\text{-}p)\,(r\text{-}q)\,(s\text{-}q)\,(t\text{-}s) \end{cases}$$

$$\times \frac{(x\text{-}p)\,(x\text{-}q)\,(x\text{-}r)\,(x\text{-}s)}{(q\;p)(r\text{-}p)(s\cdot p)(t\cdot p)(r\cdot q)(s\cdot q)(t\text{-}q)(s\text{-}r)(t\text{-}r)(t\cdot s)}$$

Fünftens es seyen p, q, r, s, t, u, die Wurzeln a, b, c, d, e, f, die Functionen und das Gesetz der Generation wird seyn

$$\overset{IV}{g} \;\dagger\; \overset{IV}{hx} \;\dagger\; \overset{III}{kx^2} \;\dagger\; \overset{II}{lx^3} \;\dagger\; \overset{I}{mx^4} \;\dagger\; nx^5 = \overset{III}{L}$$

$$\begin{cases}
+\, a\,(r-q)\,(s-q)\,(t-q)\,(u-q)\,(s-r)\,(t-r)\,(u-r)\\
\qquad\qquad (t-s)\ (u-s)\ (u-t)\\
-\, b\,(r-p)\,(s-p)\,(t-p)\,(u-p)\,(s-r)\,(t-r)\ u-r)\\
\qquad\qquad (t-s)\ (u-s)\ (u-t)\\
+\, c\,(q-p)\,(s-p)\,(t-p)\,(u-p)\,(s-q)\ t-q)\,(u-q)\\
\qquad\qquad (t-s)\ (u-s)\ (u-t)\\
+\, d\,(q-p)\,(r-p)\,(t-p)\,(u-p)\,(s-q)\,(t-q)\,(u-q)\\
\qquad\qquad (t-r)\ (u-r)\ (u-t)\\
+\, e\,(q-p)\,(r-p)\,(s-p)\,(u-p)\,(r-q)\,(s-q)\,(u-q)\\
\qquad\qquad (s-r)\ (u-r)\ (u-s)\\
-\, f\,(q-p)\,(r-p)\,(s-p)\,(t-p)\,(r-q)\,(s-q)\,(t-q)\\
\qquad\qquad (s-r)\ (t-r)\ (t-s)
\end{cases}$$

$$(s-q)(t-q)(u-q)(s-r)(t-r)(u-r)(t-s)(u-s)(u-t)$$
$$(r-p)\ (s-p)\ (t-p)\ (u-p)\ (q-p)$$

$(= \lambda$, um die weitläuftige Wiederholung
dieses Glieds zu vermeiden).

$$\bowtie (x-p)\,(x-q)\,(x-r)\,(x-s)\,(x-t)$$

$$\overset{IV}{g} = \overset{III}{g} - \lambda\,(pqrst)$$

$$\overset{IV}{h} = \overset{III}{h} - \lambda\; pqrt + pqst\; prst + pqrs$$
$$+\; qrst)$$

$$\overset{III}{k} = \overset{II}{k}\; \lambda\,(-prt - pqr - pqs - prs$$
$$- pqt - pst - qst - qrs - qrt - rst)$$

$$\overset{II}{l} = \overset{I}{l} - \lambda\,(pq + pr + ps + pt + qr + qs$$
$$qt + rs + rt + st\,)$$

$$\overset{I}{m} = m - \lambda\,(-p - q - r - s - t)$$

$$n = - \lambda$$

I. Fol-

3I

I.) Folgerungssatz: Wer das vorhergehende aufmerksam betrachtet, wird leicht sehen, daß jedes Gesez der Generation bestehe aus dem vorhergehenden Gesez und einem neuen Glied, dessen allgemeiner Werth folgendermassen gefunden wird.

Es seyn p, q, r - - - t, u die Wurzeln
a, b c - - - - e, f die Functionen.

Es sey A das Product der Differenzen aller Wurzeln, ausser der ersten;

B das Product der Differenzen aller Wurzeln, ausser der zweyten;

C das Product der Differenzen aller Wurzeln, ausser der dritten; und so ferner nach der Anzahl der Wurzeln.

Es sey F das Product der Differenzen aller Wurzeln ausser der lezten;

E das Product aller Differenzen zwischen x und jeder Wurzel, ausser der lezten;

G das Product aller verschiedenen Differenzen in A, B, C - - - F.

Dieses vorausgesezt entstehet folgende Formel des neuen Glieds:

$$\pm \frac{E}{G} \ (Aa - Bb + Cc - - - \pm Ff)$$

Das

Das positive Zeichen gilt, wenn die Anzahl der Wurzeln ungleich ist, das negative aber in dem entgegen gesezten Falle.

II. Folgerungssatz. Die allgemeine Expreßionen für alle Coefficienten des Gesezes der Erzeugung $g + hx \cdots lxv^{-3} + mxv^{-2} + nxv^{-1}$ werden auf folgende Art herausgebracht.

Es sey β der Terminus des vorhergehenden Gesezes, welcher nicht in x geführt worden; das ist, übereinstimmend mit $\bar{\tau\omega}$ g.

γ der Coefficient $\bar{\tau\omega} \cdot xv^{-2}$ ⎫
δ der Coefficient $\bar{\tau\omega}$ xv^{-3} ⎬ in dem vorhergehenden
ζ der Coefficient $\bar{\tau\omega}$ x ⎭

M die Summe aller Wurzeln
N die Summe aller zweygliedrigen Producte aus allen Wurzeln ⎫
⎬ ausgenommen der letztern.
Q die Summe aller v^{-2} gliedrigen Producte aus allen Wurzeln
R die Summe aller v^2 gliedrigen Producte aus allen Wurzeln ⎭

Und so ferner nach der Anzahl der Wurzeln.

Dabey sollen auch die gemachte Denomi-
nationen des vorhergehenden Folgerungssatzes
auch in diesem gelten.

Daraus entstehen denn folgende Formeln:

$$n = \pm \frac{aA - bB + cC \cdots \pm fF}{E}$$

Das Zeichen $+$ gilt wenn die Zahl der
Wurzeln ungleich, sonsten aber das Zeichen $-$.

$$m = \gamma \pm \frac{aA - bB + cC \cdots \pm fF}{E} \quad (--M$$

$$l = \delta \pm \frac{aA - bB + cC \cdots \pm fF}{E} \quad (N)$$

$$h = \zeta \pm \frac{aA - bB + cC \cdots \pm fF}{E} \quad (\pm Q)$$

$$g = \beta \pm \frac{aA - bB + cC \cdots \pm fF}{E} \quad (\pm R)$$

In der vorletzten Formel ist Q positiv, wenn
die Anzahl der Wurzeln gleich ist, sonst aber
negativ; das Gegentheil findet statt von R in
der letzten, welches auch aus den Zeichen selbst
klar ist.

An-

Anmerkung. Die angeführte Formeln der Coefficienten werden für besondere Fälle weit einfacher, von welchem ich einige die in der Praxis am meisten vorkommen, anführen will.

I. Wenn 0, 1, 2 die Wurzeln

0, b, c die Functionen sind

so wird $g = 0$

$$h = 2b - \tfrac{1}{2}c$$
$$k = \tfrac{1}{2}c - b \text{ seyn.}$$

II. Wenn 0, 1, 2, 3 die Wurzeln

0, b, c, d die Functionen sind

so wird $g = 0$

$$h = 3b - \tfrac{3}{2}c + \tfrac{1}{3}d$$
$$k = 2c - \tfrac{5}{2}b - \tfrac{1}{2}d$$
$$l = \tfrac{1}{2}b - \tfrac{1}{2}c + \tfrac{1}{6}d \text{ seyn}$$

III. Wenn 0, 1, 2, 3, 4 die Wurzeln

0, b, c, d, e die Functionen sind

so wird $g = 0$

$$h = 4b - 3c + \tfrac{4}{3}d - \tfrac{1}{4}e$$
$$k = -1\tfrac{1}{3}b + \tfrac{10}{4}c - \tfrac{7}{3}d + \tfrac{11}{24}e$$
$$l = \tfrac{3}{2}b - 2c + \tfrac{7}{8}d - \tfrac{1}{4}e$$
$$m = -\tfrac{1}{4}b + \tfrac{1}{4}c - \tfrac{1}{6}d + \tfrac{1}{24}e \text{ seyn.}$$

IV.

IV. Wenn o 1, 2, 3, 4, 5 die Wurzeln
   o, b, c, d, e, f die Functionen sind
so wird g $=$ o

$$h = 10b - 35c + \tfrac{10}{3}d - \tfrac{5}{4}e + \tfrac{1}{6}f$$

$$k = -\tfrac{167}{12}b + \tfrac{467}{12}c - \tfrac{13}{2}d + \tfrac{61}{24}e - \tfrac{5}{12}f$$

$$l = \tfrac{131}{24}b - \tfrac{59}{12}c + \tfrac{49}{12}d - \tfrac{41}{24}e + \tfrac{7}{24}f$$

$$m = -\tfrac{7}{12}b + \tfrac{13}{12}c - d + \tfrac{11}{24}e - \tfrac{1}{12}f$$

$$n = \tfrac{1}{24}b - \tfrac{1}{12}c + \tfrac{1}{12}d - \tfrac{1}{24}e + \tfrac{1}{120}f \text{ seyn.}$$

V. Wenn o, q, r die Wurzeln
   o, b, c die Functionen sind
so wird g $=$ o

$$h = \frac{br2 - cq^2}{br(r-q)}$$

$$k = \frac{cq - br}{qr(r-q)} \text{ seyn.}$$

VI. Wenn o, q, r, s die Wurzeln
   o, b, c, d die Functionen sind,

so wird $l = \dfrac{cqs(sq) - brs(s-r) - dqr(r\cdot q)}{nrs(r-q)(s-r)(q-s)}$

$$k = \frac{cq - br}{qr(r-q)} - l(q + r)$$

$$h = \frac{b}{q} \, lq^2 - kq$$

$$g = o \text{ seyn.}$$

§. 5.

§. 5.

Bey gewiſſen gegebenen Wurzeln und denen damit übereinſtimmenden Functionen, welche nicht viel von einander unterſchieden ſind, die Function einer jeden gegebenen Zwiſchenwurzel zu finden, und die Wurzel einer jeden gegebenen Zwiſchenfunction. Dieſes Problem wird folgendergeſtalt aufgelöſt.

I. Es ſey x die Wurzel deren Function geſucht wird, und dieſe wird ſeyn g † hx - - † nxv–1 (§. 3.) Da man nun einige Wurzeln und damit übereinſtimmende Functionen hat, ſo laſſen ſich aus der Formel ſo mit der Anzahl der gegebenen übereinſtimmt, die Coefficienten g h - - n herausbringen; (§. 4.) auch x bekommt man, alſo erhält man die geſuchte Function durch Subſtituirung des Werths.

II. Allein aus der gegebenen Function g † hx - . nxv-1 findet man nicht die Wurzel x, wo man nicht die Aequation reſolvirt, welche die Function ausdrückt, welches entweder durch die gemeine Algebra geſchiehet, oder durch die höhere Geometrie muß verſucht werden.

§. 6.

Nachdem ich alſo das bisher geſagte von der Interpolation überhaupt, vorausgeſchickt, ſo muß ich noch mit wenigem den Nutzen berühren, welchen dieſe Lehre in der Aſtronomie

C 3   ver-

verschaft. Diese Berechnung könnte zwar zur
Auflösung mehrerer astronomischer Fragen gebraucht werden, wie es in der Folge geschiehet, allein gegenwärtig mag dieses genug seyn,
weil man, wie ich hoffe, aus den angeführten
hinlänglich abnehmen kann, wo und wie diese
Methode nüzlich anzuwenden seye.

Durch den gegebenen Ort eines Gestirns
verstehe ich in dem folgenden, nicht allein seine
bekannte Lage in Rüksicht der Ecliptic und des
Aequators, sondern auch den Augenblick der
Zeit, in welchem sie geschahe.

§. 7.

Bey einigen gegebenen nahen Stellen eines Planets oder Comets, die mittlere zu finden in jeder mittlern Zeit.

Man nehme die Zeiten, welche mit den gegebenen Stellen oder Oertern übereinkommen
für die Wurzeln, und die Oerter für die Functionen an. Es seye x die Zeit, für die der
übereinstimmende Ort gesucht wird, so wird
hier $g + hx \cdot - nxv^{-1}$ seyn, und dieses nachher bekannt durch die Untersezung der gegebenen. (§. 5.)

Exempel.

Man nehme an, daß ein Comet in dem
Monat May beobachtet worden, welcher von
einem gewissen Fixstern entfernt gewesen

$$9° \quad 58' \quad 33'' \quad \text{Tag 5ten um Mitternacht}$$
$$11 \quad 13 \quad 40 \quad \text{✶} \quad 6$$
$$12 \quad 32 \quad 2 \quad \text{☌} \quad 7$$
$$13 \quad 53 \quad 52 \quad \text{☌} \quad 8$$

ſo wird nun deſſen Stand am ſechſten Tage
um ſechs Uhr nach Mitternacht geſucht.
Nimmt man nun die Zeit für die Wurzeln,
und die Oerter für Functionen an, ſo wird
p $=$ s, q $=$ 6, r $=$ 7, s $=$ 8, x $= 6\frac{6}{24}$, a
$= 9°, 58'. 33''$. b $= 11°, 13'. 40''$. c $= 12°$
$32'. 2''$. d $= 13°. 52'. 52$. Wenn man
dieſen Werth in der Formel g $+$ hx $+$ kx²
$+$ lx³ ſubſtituirt, ſo erhält man die Function,
welche mit der Zeit x übereintrift. Allein die
auf ſolche Weiſe angeſtellte Berechnung wird
ſehr weitläuffig und verdrießlich, damit man
alſo dieſe Unbequemlichkeit vermeide, ſeze man
ſtatt der Wurzeln 5, 6, 7, 8, $6\frac{6}{24}$ andere auf
eben dieſe Weiſe fortgehende 0, 1, 2, 3, $1\frac{6}{24}$,
und ſtatt jeder Function den Unterſchied zwiſchen ihr und der erſten.

Auf dieſe Art p $= 0$, q $= 1$, r $= 2$, ſ $= 3$,
x $= 1\frac{6}{24}$, a $= 0$. b $= 1°, 15'. 7'' = 4507''$
c $= 2°. 33''. 29'' = 9209''$ d $= 2°. 55'.
19'' = 10519''$. und durch die zweyte Formel,
welche in dem Scholium des vierten Paragraphs
gegeben worden, findet man l $= - 597\frac{6}{8}$,
k $= 1891$, h $= 3213\frac{6}{8}$, g $= 0$, daher g $+$
hx $+$ kx² $+$ lx³ $= 5745''. 1°, 35'. 45''$, und

C 4   weln

wenn man dieses zu den ersten beobachteten Ort addirt, so hat man den gesuchten ♉ 11°. 30'. 48''.

Anmerkung. Durch das angeführte Problem läßt sich die anguläre Geschwindigkeit für jede kleine Zeit finden. Denn es seye z. B. T eine kleine Zeit, von welcher man die anguläre Geschwindigkeit sucht. Durch die Interpolation kommt der Ort des Planeten bey dem Anfang und Ende dieser Zeit zum Vorschein, deren Unterschied der Zeitraum ist, welcher in der Zeit T durchgelauffen worden, welcher die damit übereinstimmende anguläre Geschwindigkeit anzeigt.

In dem eben angeführten Beyspiel war der Stand des Cometen um Mitternacht am sechsten Mai 11°. 13'. 40''. und um sechs Uhr 11°. 30'. 48'', die Differenz 17'. 8'' zeigt die Geschwindigkeit für sechs Stunden an.

§. 8.

Bey den nemlichen Datis im vorigen Paragraph, die Zeit zu finden, in welcher ein Gestirn in jedem mittlern Punct sich befindet.

Es sey x die gesuchte Zeit, der damit übereinstimmende Ort wird seyn $g = hx - \dotplus nxv^{-1}$, aus welchem Werth, wenn man die Anzahl der gegebenen gehörig bestimmt, x gesucht wird. (§. 5.)

I. Fol-

I. Folgerungsſaz. Daher findet man aus einigen gegebenen Orten, ein wenig vor oder nach der Oppoſition oder Conjunction des Planeten das Moment ſelbſt. Denn nimmt man die Zeiten, welche mit den gegebenen Orten übereintreffen, für die Wurzeln, welches in dem folgenden allezeit geſchiehet, (es müßte denn ausdrücklich das Gegentheil bemerkt werden) und die Orte für die Functionen, ſo iſt die Aequation oder Gleichung für das Moment der Oppoſition x folgendes, $g + hx - - + nxv^{-1} = 180°$, und für das Moment der Conjunction $g + - hx - - + nxv^{-1} = 0$.

II. Folgerungsſaz. Das Moment der größten Elongation des untern Planeten aus einigen gegebenen Elongationen vor und nach, die als Functionen angenommen werden, erhält man durch folgende Aequation

$$hdx - - + n \, v^{-1} \, xv^{-2} \, dx = 0$$

III. Folgerungsſaz. Aus einigen gegebenen Meridianhöhen der Sonne ein wenig vor nach dem Solſtitium der Sonne erhält man x als das Moment des Solſtitiums ſelbſt. Denn wenn man die Täge der Beobachtungen für die Wurzeln nimmt, und die Meridianhöhen für die Functionen, ſo iſt die allgemeine Formel für alle Höhen der Sonne $g + hx + kx^2 - - + uxv^{-1}$; Die Solſtitialhöhe aber

E 5   iſt

ist entweder die größte oder kleineste, wenn daher der Unterschied der vorgeschlagenen Formel berechnet würde, und die Gleichung des Elements durch nichts geschähe, so kommt folgende Aequation heraus, die man resolviren müßte, um das Moment des Solstitiums zu erhalten:

$$xv^{-2} - - \dagger \frac{{}^2k}{nv^{-1}} x \dagger \frac{h}{nv^{-1}} = 0$$

Diese Methode ist zuerst von dem berühmten Maier erfunden worden, und wenn man sie gegen die übrige Merkmahle zusammenhält, so empfiehlt sie sich durch ihre Leichttigkeit und Vollkommenheit.

IV. Folgerungssatz. Aus einigen gegebenen Orten der Sonne, welche bey dem Aequinoctien nahe sind, und dem gegebenen ersten Punct des Zeichens des Widders bestimmt man das Moment des Aequinoctiums. Denn wenn man die Entfernungen von der Intersection des Aequators und Eclyptic vor Functionen annimmt, so siehet man, daß die allgemeine Formel für die gesuchte Distanz durch nichts müsse geglichet werden, und aus dieser Gleichung x herausbringen.

V. Folgerungssaz. Aus einigen gegebenen scheinbaren Oertern der Mittelpuncte der Sonne

ne und des Monds ein wenig vorher, auch
nachher während der Sonnenfinsterniß selbst,
bekommt man den Augenblick des Anfangs,
Ende und der größten Verdunkelung. Denn
es seye D der scheinbare Durchmesser der Sonne; d des Monds, welchen man in iedem Augenblick durch eine Berechnung herausbringen
kann. Wenn man die scheinbare Entfernungen des Mittelpuncts der Sonne und des
Monds für die Functionen annimmt, so wird

$$g + hx - - + nxv^{-1} = D + d$$ die Gleichung vor das Anfang und Ende seyn, und

$$hdx - - + n v^{-1} xv^{-2} dx = 0$$ für den
Augenblick der größten Verdunkelung.

Bey einigen gegebenen Oertern, welche
den Knöpfen (nodis) und der größten Breite
zunächst sind, die Oerter der Knöpfe und die
Neigung der Scheibe zu finden. I. Wenn
man die Entfernung von dem Knopf für die
Functionen nimmt, so ist $g + hx - - + nxv^{-1}$
$= 0$ der Werth für den Ort des Knopfs,
aus welchem, wenn man x hat, durch Unter-
setzung das gesuchte herauskommt. (§. 7.)

II. Wenn man die Breiten für die Functionen nimmt, so findet man durch die Fluxion der Formel der Functionen x, wenn
man dieses hat, so erhält man, vermöge §. 7.
die größte Breite d. i. die Neigung der Scheibe.

§. 10.

§. 10.

Aus einigen gegebenen angulären Geschwindigkeiten, den Ort und die Zeit zu finden, welche mit jeder andern mittlern übereinkommen. — Man nehme die anguläre Geschwindigkeiten für die Functionen, und wenn man einen Ort sucht, die Oerter für die Wurzeln, oder die Zeiten, wenn man die Zeit sucht. Nachher bringt man durch Hülfe des §. 5. das gesuchte heraus.

Folgerungssaz. Aus einigen gegebenen Geschwindigkeiten eines Planets, welche der größten und kleinsten am nächsten, läßt sich das Perihelium, Aphelium und der Augenblick des Durchgangs ausfindig machen. Denn wenn man die Zeit gefunden hat, welche mit der größten oder kleinsten Geschwindigkeit übereinkommt, so läßt sich der damit übereinkommende Ort herausbringen (§. 7.) d. i. das Perihelium oder Aphelium. Das nemliche läßt sich auch auf folgende Weise erhalten: man suche bey der Linie der Krümmungen auf beyden Seiten den Ort welcher mit dergleichen Geschwindigkeit übereinstimmt, der mittlere Ort zwischen denselben ist das Perihelium oder Aphelium.

§. 11.

Bey einigen gegebenen Höhen vor und nach dem Durchgang eines Gestirns durch den Meridian,

ridian', den Augenblick des Durchgangs und
die Meridianhöhe zu finden. — Wenn man
die beobachteten Höhen, die aber nach der Pa-
rallaris und Refraction verbessert worden, für
die Functionen annimmt, indem die größte
Meridianhöhe aus der Gleichung ist $hdx +$
$2kxdx - . + nv^{-1} xv^{-2} dx = o$ so findet man xf. den Augenblick des Durchgangs,
und wenn man diesen hat, so findet man durch
die bloße Substitution die übereinstimmende
Function, d. i. die Meridianhöhe.

Anmerkung. Dieses Problem kann von
großem Nutzen seyn 1) wenn ein kleines Wölk-
gen die Culmination des Gestirns verbirgt, welche aber doch zuweilen nothwendig zu wissen ist,
und die überdies, wenigstens ausser den Obser-
vatorien, unmittelbar schwer zu erkennen ist.
Es dienet also einem Geograph der sich an einem Ort nicht über einen Tag aufhält, wenn
er nur durch die beobachtete Meridianhöhe der
Sonne die Breite des Orts herausbringen
könnte. 2) Ich zweifle auch nicht daß es zur
Verbesserung des Mittags angewendet werden
könne, denn weder die Berechnungen, welche
ich versucht habe, zeigen das Gegentheil, noch
leidet die vorausgesezte größte Meridianhöhe irgend eine Veränderung durch die Zunahme
oder Abnahme der Declination, wenigstens in
einiger Entfernung der Sonne von den Ae-
qui-

quinoctien. Vielleicht werde ich alles dieses weitläuffiger zu einer andern Zeit erklären.

§. 12.

Damit die Berechnung selbst leichter werde, so muß man folgende Stücke besonders in obacht nehmen.

1) Regel. Wenn die Wurzeln in einem arithmetischen Verhältniß fortlauffen, und die erste um nichts grösser ist, so setzt man an deren Stelle eine andere Reihe, so in dem nemlichen Verhältniß fortläuft, die aber mit einer Ziffer anfängt; z. B. wenn an den Tägen 8, 9, 10 und 11. des Maimonats, um die nemliche Stunde eines jeden Tags, einige Beobachtungen gemacht worden, wovon man die Zeiten für die Wurzeln annehmen muß, so muß man statt ihrer folgende Progreßion annehmen 0, 1, 2, 3; nur muß man dabey bemerken, daß 0 den achten May anzeige, 1 den neunten, und so ferner.

2) Regel. Wenn die Differenzien der Wurzeln ungleich sind, und der erste Terminus um nichts grösser, so muß man andere Wurzeln untersetzen, von welchen die erste eine Ziffer ist, und deren Differenzien gleich sind den Differenzien der weggeworfenen; z. B. für 7, 9, 10, 13. muß man untersetzen 0, 2, 3, 6.

3)

3) Regel. Für jede Function muß man die Differenz untersetzen zwischen ihr und der ersten. Es seye a die erste Function, b die zwepte und c die dritte, statt a, b, c setze man a — a $=$ o, a — b, a — c respective, worauf man doch zulezt aufmerksam seyn muß, denn wenn die Function y gesucht wird, so giebt diese nicht der letzte Valor, sondern a — y.

4) Regel. Soll eine grosse Anzahl von Terminis berechnet werden, so muß man statt der Functionen ihre Differentien interpoliren, (die erste Differenzien) oder auch die Differenzien jener Differenzien (die zwepte Differenzien). Man bemerke, daß sich auf diese Weise nicht allein der Unterschied, der mit der gegebenen Wurzel übereinkommt finden läßt, sondern auch der möglichst größte und kleinste.

§. 13.

In Rücksicht der Anzahl der zu interponirenden Terminen merke man, daß die drei Wurzeln und drey Functionen hinreichend seyn, wenn die Wurzeln und Functionen beständig gleichförmig wachsen oder abnehmen, oder die Wurzeln zunehmen und die Functionen abnehmen, oder diese zunehmen und die Wurzeln abnehmen; wenigstens aber werden

den vier Wurzeln und eben so viel Functionen erforderlich seyn, wenn die Differenzen
der Wurzeln oder Functionen sehr ungleich
sind oder auch bald affirmativ, bald negativ,
d. i. bald wachsend, bald abnehmend.

Endlich muß ich noch die Worte des berühmten Abbe de la Caille hier anführen:
„ Tout ce calcul, sagt er, n'est qu'une
approximation: par le moien de cer-
taines dimensions prises d'espace en
espace, on conclud les intermediaires,
en supposant que leurs inegalités sui-
vent constamment une certaine loi;
ce que n'approche de la justesse qu'au-
tant que ces espaces sont plus serrés,
& ces dimensions moins irreguliere-
ment inegales, ou que la loi qu'on a
trouvèe approche le plus de la veri-
table loi de ces inegalités. " Vid.
E us Astr. p. 73.

§. 14.

Ich wollte die angeführte Probleme durch
Beyspiele eines kürzlich beobachteten Comets
erläutern, da ich aber noch nicht Gelegenheit
hatte einige Sterne, mit welchen er auf dem
Upsaler Observatorium verglichen worden, genau zu bestimmen, zugleich auch andere fremde Beobachtungen fehlen, so muß ich jenes
Vorhaben unterlassen.

LXIX.

LXIX.
Von der allgemeinen Attraction.

§. 1.

Zu den allgemeinen Kräften der Körper zählt der berühmte Newton auch die Attraction, über welche die neuern Physiker in drey Hauptmeinungen getheilt sind, und daher jene Benennung gleichsam zum Schibboleth der Philosophen geworden. Wäre uns die Natur und Eigenschaft der Körper bekannt, so könnte man leicht durch Schlüße beurtheilen, wie viele und welche Eigenschaften hieher gehören, und ob unter denselben die Attraction auch mit begriffen seye; so aber kennt man im Gegentheil nur wenige, obenhin durch die Erfahrung erforschte, daher es eben so närrisch seyn würde, den Körpern andere Eigenschaften zuzuschreiben, als die durch die Erfahrung bekannt sind, als wenn man nach einigen gefundenen Eigenschaften, jede andere wegläugnen wollte, als wenn gleichsam das Maas der Fähigkeit des Gegenstandes bekannt wäre. Mit Recht kann man nur diejenige ausschließen, von welchen man weiß, daß sie den bekannten entgegen stehen.

Iſt aber, auſſer den längſt entdeckten, in allen
Theilen der Materie, die in einer gewiſſen Entfernung von einander abſtehen, eine gewiſſe Neigung vorhanden ſich zu nähern, ohne einen bekannten Antrieb dazu? Newton, nachdem er
viele Phänomene wohl unterſucht, gerieth auf
dieſe Meinung, und belegte dieſe Würkung
mit dem Namen der Attraction.

Durch dieſe Benennung zeigt er alſo nur
das erſte Phänomen, welches zur Erklärung
anderer dienen kann, und giebt es um ſo weniger für eine zu erforſchende Urſache aus, je ge-
wiſſer es iſt, daß er die äuſſere Urſache der Attraction nicht geläugnet habe, denn er ſagt im
Princ. math. Philoſ. nat. libr 1. ſect.
11. er betrachte die Centralkräfte wie Attractionen, ohngeachtet ſie vielleicht, um phyſiſch zu
reden, beſſer Antriebe genennt werden. Und
zu Anfange des gemeldeten Buchs bey der achten Definition ſagt er folgendes: Ich bediene
mich der Wörter Attraction, Antrieb oder Neigung nach dem Mittelpunct vermiſcht unter einander; indem ich dieſe Kräfte nicht phyſiſch,
ſondern nur mathematiſch betrachte. Dieſerwegen darf der Leſer nicht glauben, daß ich durch
dieſe Wörter eine Gattung, oder einen phyſiſchen
Grund irgendwo beſtimme, oder dem Mittelpunct würklich phyſikaliſch Kräfte zueigne, wenn
ich etwa ſage daß der Mittelpunct anziehe, oder

daß

daß es eine Kraft des Mittelpuncts gebe. —
Auch sagt er in Schol. 69. Ich bediene mich
hier allgemein des Worts Attraction, worun-
ter ich jeden Hang der Körper sich zu nähern
verstehe, dieser Hang mag nun entstehen entweder von einer Würkung der Körper, die sich
entweder Wechselsweise einander suchen, oder
durch ausgehende Geister, die auf einander würf-
fen; oder er mag von der Würkung des Aethers,
oder der Luft, oder irgend eines andern kör-
perlichen oder unkörperlichen Mittels entstehen, welches die in ihm schwimmende Körper
auf einander stoßt. — Diese Newtonische
Bedeutung von Attraction kann man auch nach
Kraft die emphatische nennen.

Einige sind darinne noch weiter gegangen,
und sehen diese Kraft als eine physisch würkliche, und als eine wahre und vorhandene Ursache an, in welchem Sinne man sie die hypostatische nennen könnte. Endlich verwerfen
auch einige diese Attraction völlig, und halten
selbige für ein Unding, und als etwas unmögliches. Ihre Beweisgründe übergehe ich billig,
indeme die meiste nur hypostatische Attraction
betreffen, deren Vertheidigung ich nicht über
mich genommen.

§. 2.

§. 2.

Die Attraction in unserm Syſtem iſt eine allgemeine reciproke Kraft.

1) Daß alle himmliſche Körper, ſowohl die Planeten von der erſten als zweyten Ordnung, und die Cometen ſich wechſelsweiſe anziehen, zeigt die Mechanic offenbar; denn ihre Umwälzungen in elliptiſchen Kreiſen, oder einer andern kegelförmigen Section müſſen der central und fortſtoſſenden Kraft, welche in der erſten Schöpfung ihnen einverleibt worden, zugeſchrieben werden.

2) Das Niederſteigen der Körper welche zu unſerm Planet gehören, macht die anziehende Kraft der Erde auf dieſelbe unzweiffelhaft. Was aber die wechſelſeitige Attraction der Körper, ſo auf unſerm Erdball befindlich, belangt, ſo kommen davon offenbar überall eine Menge Beyſpiele vor, obgleich ſelbige zuweilen einer ſtärkern Kraft nachgeben müſſen. Bey ihrer Beobachtung habe ich folgendes gefunden:

1) Daß die veſte Körper einen wechſelſeitigen Hang äuſſern ſich zu nähern. Zwey gläſerne Kugeln, welche in dem Waſſer frey ſchwimmen, und in einer gehörigen Diſtanz von einander entfernt ſind, eilen ſich zu berühren, polirte Marmorſtücke, welche ſich berühren, hängen mit einer groſſen Kraft zuſammen;

die

die Stärke der Körper rührt größtentheils von der Attraction ihrer Theile her. 2c.

2) Daß flüßige Dinge nach einer wechsel-seitigen Vereinigung streben, beweisen unzäh-lige Dinge: zwey Tropfen Wasser, so in ei-ner gehörigen Entfernung befindlich, nahen sich einander und werden zu einem; Wasser und andere Flüßigkeiten verschlingen die Luft; die Naphta, sowohl natürliche, als künstliche, zie-het das Feuer an sich; mehrere dergleichen Dinge zu geschweigen, welche sowohl die ge-meine als auch die physische und chemische Er-fahrung in Menge darbietet.

3) Eben so gewiß ist es auch, daß die flüßi-ge und veste Körper unter sich die neimliche Kraft ausüben; denn wenn man Holz, Metall, Glas, und andere veste Körper, in Wasser, Wein oder einen andern Liquor bringt, so werden sie nicht allein feucht, sondern es hängt ihnen auch, wenn man sie vorsichtig aus dem Liquor zieht, ein kleiner Tropfen von demselben an; die al-kalische Salze ziehen die sie umgebende wäße-rige Dünste an; Spießglaßbutter und Pott-asche verschlingen das Wasser aus der Luft. Aus diesen und andern unzähligen Erscheinun-gen, (welche ich hier übergehe, weil sie in dem zweeten Theil dieser Abhandlung näher unter-sucht worden) kann man mit Recht schliessen, daß man allen Theilen der Materie eine wech-

D 3

selsei-

selseitige anziehende Kraft zuschreiben müsse, welche sie in Rücksicht einer grössern oder kleinern Homogeneität mehr oder weniger unter sich ausüben. Diese Kraft also, sie mag nun von irgend einer Ursache abhängen: wird mit Recht die allgemeine Attraction genannt, um sie von einigen besondern Erscheinungen des Magnetismus und der Electricität zu unterscheiden.

Anmerkung. In Rücksicht der Ursache der allgemeinen Attraction, so weiß man noch nichts gewisses von derselben, auch die Homogeneität scheinet nichts davon zu erklären, ausser der vorausgesetzten wechselseitigen Attraction. Denn wenn man zwey gleichförmige Theile einer Materie annimmt, A nemlich und B, so kann man von A nicht behaupten, daß es B anziehe wegen der übereinstimmenden Eigenschaften, wo es nicht bekannt ist, daß B würklich diese Eigenschaft besitze.

§. 3.
Die Attraction geschiehet verhältnißmäßig gegen die Masse.

Die Erfahrung zeiget, daß die Schwere der Körper, welche nichts anders ist, als die Attraction, folgende Weise beobachtet. In dem vorhergehenden wurde gezeigt, daß diese Kraft allen

allen Theilen der Materie zustehe, und da also
die Würkung allezeit ihrer Ursache proportionell
ist, wenn der Körper C zwischen zwey andern
A und B gesezt wird, wovon der eine A noch
einmal soviel Materie als B, enthält, auch A
noch einmal so stark C anziehe, als B, ohne
Rüksicht auf die Entfernung, und wiederum
C ziehet nach seiner Masse A an, so daß wenn
man B völlig auf Seite sezt, die Räume, (s
und S) welche A und C vor ihrer Vereinigung
zurücklegten, gegen die Massen (M und m
respective) umgewandt proportionell sind, das
ist S: s:: m : M. Sie würden also in dem
gemeinen Mittelpunct der Schwere zusammen-
lauffen, wo nicht die Entfernung der Ursachen
solches verhinderte, die gemeiniglich, je grösser sie ist, um somehr die Würkung schwächt.

§. 4.

Die lange Attraction beobachtet ein umge-
wandtes Verhältnüß gegen die Quadrate der
Distanzen, das ist, wenn die Massen die nemliche bleiben und die Attraction A, und die Entfernung von dem Mittelpunct des anziehenden
Körpers D heißt, so wird $A = \frac{1}{D D}$ seyn.

Ein jeder Körper, der sich in einer krummen Linie bewegt, sucht jeden Augenblick in
den Tangent zu kommen, der Mond würde also
in kurzem seine krummlinige Bewegung verliehren;

D 4

ren , wo nicht die Centralfliehende Kraft , so
durch eine andere Kraft gegen Erde drukt , anhaltend besänftigt würde , welche nichts anders
ist , als die Schwere gegen die Erde. Wenn
man dieses weiß , und mit demjenigen zusammenhält , was sich hierinn bey der Erde ereig-
net , so wird man finden , auf welche Weise
die Attraction bey großen Entfernungen müsse
geschäzt werden.

Es sey LC (Tab. 2. Fig. 1.) der Theil
eines Kreises , welchen der Mond in einer
mittlern Entfernung von der Erde in einer Minute durchlauft. Dieses macht 32. ''. 56 $\frac{1}{2}$
111' indem 27 T. 7 St. 43'. 12 ''. erforderlich sind zu der ganzem Umwendung oder
360°. Es seye T die Erde und LB der Tangent
in L. BC drukt also die Gewalt aus, welche den
Mond in einer Minute gegen die Erde drukt,
oder den Raum , welchen der Mond, von der
Centralfliehenden Kraft , befreit , in dieser
Zeit durchliefe. Die mittlere Entfernung des
Monds von der Erde ist 60, 2 Halbdurchmes-
ser der Erde , $=$ 1291589856, 2 schwed.
Schuhe $=$ LT. Da aber CB $=$ R ($=$ 1)
$—$ Cos. LTC ($=$ Cos. 31''. 56$\frac{1}{2}$''')
$=$ 0,0000000 12754, so wird: 1,0,0000000
12754 :: 1291589856, 2: 16 schwed.
Schuhe ohngefähr seyn. Allein schwerr Kör-
per an der Erde lauffen nach dem Experiment
des

des Hugenius in einer Secunde ohngefähr
sechzehn schwedische Schuhe durch. Nun sind
aber nach der Theorie des Galiläus die durch-
gelauffene Räume mit den Quadraten der Zeiten proportionell; und also wird ein Körper
an der Erde in einer Minute einen Raum
durchlauffen von 16 × 60 × 60 schwedische
Schuhen. Also verhält sich der Raum, welchen der Mond in einer Minute durchlauft,
zu demjenigen, welchen ein schwerer Körper an
der Erde in der nemlichen Zeit zurüklegt, wie

$$16 : 16 \times 60 \times 60 :: \frac{1}{60 \times 60} : 1,$$

welches das umgewandte Verhältnüß ist der
Quadrate der Distanzen, indem 1 ausdrükt
das Quadrat der Entfernung der Oberfläche
der Erde von ihrem Mittelpunct, und 60 × 60
das Quadrat der Distanz des Monds von
demselben.

Anmerk. 1. Herr Clairaut las in dem
Jahre 1747 vor der Akademie der Wissenschaften zu Paris eine Abhandlung, in welcher er
behauptet, daß die Bewegung des Abstands
des Monds von der Erde, nach der Newtonschen
Theorie, um einmal langsamer seye, als die
Beobachtungen zeigten, daraus er den Schluß
machte, daß die Attraction nicht das gegensei-
tige doppelte Verhältniß befolge. Um die nemliche Zeit hatte Dalembert, und lange zuvor

D 5   Euler

Euler das nemliche durch verschiedene Metho-
den gefunden.   Allein in dem Jahre 1749.
hat Clairaut eben dieser Akademie erkläret, daß
er die Methode gefunden habe, die Bewegung
des Abstands von der Erde, so aus der Theorie
abgeleitet worden, mit den Beobachtungen zu
vereinigen.

Die Abhandlung des berühmten Clairaut
von der Theorie des Monds wurde von der Petersburger Academie mit einem Preis gekrönt;
und Euler wurde dadurch bewogen diese schwere
Materie noch einmal zu untersuchen, daher
fand er die Bewegung des Apogäums

für den apogistischen Monat $3.\overset{\circ}{2}.\overset{\prime}{9}.\overset{\prime\prime}{}$ ist nach der

Beobachtung $3.\overset{\circ}{4}.\overset{\prime}{1}\overset{\prime\prime}{1}.$
für den periodischen $3.0.37.$ = = = = $3.2.38.$
die dabey vorkommende kleine Differenz muß
man einigen Terminen, die noch genauer zu
bestimmen sind, zuschreiben.   Man vergleiche
dessen Theorie des Monds.

Herr Dalembert sezte die Formel des Apogäums bis zu den Fluxionen der dritten Ordnung fort, und fand dennoch eine Differenz
von dreyßig Minuten für die Revolution zwischen der Theorie und den Beobachtungen. Die
zwey erste Terminen der Reihe, welche die Be-
we-

wegung des Apogäums andeutet, waren 1°. 30'.
und 1°. 3'. und also wäre der Innhalt aller
übrigen ohngefähr 30', wenn die Theorie mit
den Beobachtungen übereinstimmte. Nachher
seßte er nur die Fluxionen der sechsten Reihe
auf die Seite, und fand die Bewegung des A-
pogäums 3°. 2'. 33'', indem der Mond 360°
durchlauft, allein nach den Beobachtungen macht
dieses auf einen Tag aus 6'. 41''. welches in
27. T. 7. St. 43'. ausmacht 3°. 3'. 37''.
und dieser kleine Unterschied läßt sich kaum der
Uebersicht einiger Fluxionen zuschreiben, denn
die vier erste Terminen der Reihe sind ohngefähr 1°. 30'. 37''. 1°. 3'. 21''. 3'. 20''. 5'.
5''. Diese Reihe kommt hinlänglich überein,
so daß der fünfte Termin um eine Minute ü-
bereinkommt, und wenn man dieses annimmt,
so trift die Theorie vollkommen mit den Beobachtungen überein, ob man gleich die Pertur-
bationen aus der Würkung der übrigen Planeten nicht geachtet, und auch nicht die Figur der
Erde und des Monds; denn obgleich diese Ne-
benumstände sich nicht leicht berechnen lassen, so
können sie doch den Schluß sehr verschieden machen. Vergl. Syst. du monde ire partie.

Der berühmte Professor Thomas Simpson zeigte auch neulich durch eine andere Methode, daß die Bewegung des Apogeums des
Monds dem Newtonschen Gesez nicht entge-
gen-

genſtehe. S. deſſen **Miſcellaneous Tracts.**
p. 160.

Anmerk. 2. Das Geſetz des Quadrat
folgt nicht vollkommen aus den Phänomenen,
und alſo würde auch jedes andere, ſo von jenem wenig unterſchieden wäre, der Theorie ein
Gnüge leiſten; da aber dieſes Geſez einig und
allein von der Macht der Entfernung abhängt,
und alſo jeder andern algebraiſchen Function
vorgezogen werden muß, ſo wählet man billig
das erſtere; denn wenn es auch nicht genau
mit der Bewegung des Apogäums des Monds
übereinkäme, ſo dürfte man es doch dieſerwegen nicht verändern, um ein beſonderes Phänomen zu erklären, deßen Ungleichheiten von
einer beſondern Urſache entſtehen könnten; zumal da keine Function, welche man auch immer
unterſetzen wollte, den aus der Attraction ab-
ſtammenden irrdiſchen und himmliſchen Erſcheinungen zugleich ein Gnüge leiſtet.

Anmerk. 3. Die Herrn Keil, Gregorius
und andere ſuchten dieſes Geſetz durch Ver-
nunftſchlüſſe zu beweiſen. Sie ſtellen ſich die
Attraction als eine Kraft vor, die ſich in unzählig vielen Graden befindet. Dieſe Grade
flieſſen aus dem Mittelpunct der Schwere aus,
und bilden die Sphäre der Activität, innerhalb
welcher ein jeder befindlicher Körper angezogen
wird

wird verhältnißmäßig gegen die Menge der
Strahlen, welche ein jeder Theil desselben auffängt. Allein diese Anzahl nimmt in dem nemlichen Verhältniß ab, in welchem die Quadrate
der Wurzeln zunehmen, denn man kann sich
die Sphäre der Activität vorstellen, als wenn sie
aus unzähligen, concentrischen und nahen Oberflächen zusammengesetzt wäre, von welchen jede die nemliche Anzahl Strahlen erhält, die aber
um so seltener sind, je grösser die Oberfläche ist.
Die sphärische Oberflächen aber stehen in einem
doppelten Verhältniß gegen die Halbdurchmes-
ser, und also ist die Anzahl der Strahlen in
einem gegebenen Raum umgewandt, wie die
Oberfläche in welcher sie ist, d. i. umgewandt
wie das Quadrat der Distanz, und eben so die
Attraction in dem nemlichen Verhältniß. Es
ist aber weit gefehlt, wenn man glauben wollte, daß durch diesen Schluß die Newtonische
Theorie bestättigt würde, da vielmehr selbige
dadurch umgestoßen wird, und der Erfahrung
widerspricht; denn nach dieser Erklärung würde die Schwere sich nicht nach dem Verhältniß der Massen, sondern der Grösse richten.

§. 5.

Die Masse und Entfernung sind die einigen Elemente, welche bey einer entfernten Attraction in Erwägung
kommen.

Der berühmte Professor Simpson zeigte
auch

auch neulich durch eine andere Methode, daß
die Bewegung des Apogäums des Monds dem
Newtonschen Geſetz nicht entgegenſtehe. S.
deſſen Miscellaneous Tracts. p. 160.

Anmerk. 2. Das Geſetz des Quadrat folgt
nicht vollkommen aus den Phänomenen, und
und alſo würde auch jedes andere, ſo von jenem
wenig unterſchieden wäre, der Theorie ein
Gnüge leiſten; das aber dieſes Geſetz einig und
allein von der Macht der Entfernung abhängt,
und alſo jeder andern algebraiſchen Function vorgezogen werden muß, ſo wählet man billig das
erſtere; denn wenn es auch nicht genau mit
der Bewegung des Apogäums des Monds übereinkäme, ſo dürfte man es doch dieſerwegen
nicht verändern, um ein beſonderes Phänomen
zu erklären, deſſen Ungleichheiten von einer beſondern Urſache entſtehen könnten; zumal da
keine Function, welche man auch immer unterſetzen wollte, den aus der Attraction abſtam-
menden irrdiſchen und himmliſchen Erſcheinungen zugleich ein Gnüge leiſtet.

Anmerk. 3. Die Herrn Keil, Gregorius und andere ſuchten dieſes durch Vernunft-
ſchlüße zu beweiſen. Sie ſtellen ſich die Atrac-
tion als eine Kraft vor, die ſich in unzählig
vielen graden befindet. Dieſe grade flieſſen aus
dem Mittelpunct der Schwere aus, und bil-

den

den die Sphäre der Activität, innerhalb welcher ein jeder befindlicher Körper angezogen wird
verhältnüßmäßig gegen die Menge der Strahlen, welche ein jeder Theil desselben auffängt.
Allein diese Anzahl nimmt in dem nemlichen
Verhältnüß ab, in welchem die Quadrate der
Wurzeln zunehmen, denn man kann sich die
Sphäre der Activität vorstellen, als wenn sie
aus unzähligen, concentrischen und nahen
Oberflächen zusammengesezt wäre von welchen
jede die nemliche Anzahl Strahlen erhält, die
aber um so seltener sind, je größer die Oberfläche ist. Die sphärische Oberflächen aber stehen
in einem doppelten Verhältnüß gegen die Hal-
bedurchmesser, und also ist die Anzahl der
Strahlen in einem gegebenen Raum umgewandt, wie die Oberfläche in welcher sie ist,
d. i. umgewandt wie das Quadrat der Distanz,
und eben so die Attraction in dem nemlichen
Verhältnüß. Es ist aber weit gefehlt, wenn
man glauben wollte, daß durch diesen Schluß
die Newtonsche Theorie bestättigt würde, da
vielmehr selbige dadurch umgestoßen wird, und
der Erfahrung wiederspricht; denn nach dieser
Erklärung würde die Schwere sich nicht nach
dem Verhältnüß der Massen, sondern der Grö-
ßen richten.

§. 5.

Die Masse und Entfernung sind die einige
Elemente, welche bey einer entfernten Attraction in Erwägung kommen. Es

Es seye in der flüssigen Sphäre **ABD**
(Tab. 2. Fig. 2.) der Canal abcd, der
aus den zwey cirkulären Röhren ab und de
zusammengesezt ist, deren Mittelpuncte mit
dem Mittelpunct der Sphäre einfallen; und
aus zwey hohlen Cylindern ad und be die gegen
das Centrum gerichtet sind. Wenn man dieses
voraussezt so folgt, daß die Flüssigkeit des Ca-
nals in den cirkulär Röhren keine Würkung
hervorbringen, welche dem Gleichgewicht schädlich wäre, da seine Richtung eine nach den
Röhren perpendiculär Kraft ist, und also ganz
von ihnen erhalten wird; damit man also ein
Gleichgewicht in dem Canal erhalte, so ist nothwendig daß die Würkungen der Cylinder sich
wechselsweise zerstöhren, welches nicht geschehen kann, wenn man die Schwere messen müßte
ausser der Masse und Distanz, von irgend einer
andern Circumstanz, z. B. aus den Winkeln
zwische der Axe AC und den Röhren ad und be.
Denn es ist offenbar, daß der Canal so geordnet seyn könne, daß der Winkel ACb grösser
oder kleiner werde als der Winkel ACa,
in diesem Fall würde also das Gleichgewicht ge-
stöhrt, welches ungeräumt wäre, denn da die
ganze Sphäre darinn bleibt, so wird nothwendig dieses auch dem Canal begegnen.

Anmerk. In Rüksicht der Figur, so verändern zwar selbige die Attractionen in kleinen

und

und mittelmäßigen Distanzen, denn ein kleiner
Körper wird von einer Kugel weit anders angegriffen, als wenn die nemliche Materie in eine
zirkuläre Fläche gebildet worden, deſſen Mittelpunct der nemliche mit der Sphäre, und der perpendiculäre Fläche, ſo bey einer Linie den Mittelpunct der Sphäre und den kleinen Körper
vereinigt. Ohngeachtet alſo dieſer Unterſchied
ſo klein ſehe, daß man ihn an der Erde in den
Körpern, welche man unterſucht, nicht wahrnehmen kann, ſo gilt doch, um genau zu
reden, die angeführte Propoſition nicht, auſſer von Körpern, deren Durchmeſſer in Rükſicht der Diſtanz verſchwinden.

§. 6.

Aus den bisher angeführten Geſeßen der
Attraction erhellet auf eine wunderbare Art,
wie übereinſtimmend mit den Beobachtungen
die Bewegungen der erſten Plaineten, ihrer
Trabanten, und ſelbſt der Cometen hergelei-
tet werden. Je mehr dieſe Theorie entwickelt,
und je genauer ſie unterſucht wird, um deſto
größere Feſtigkeit wird ſie erhalten.

Jezo werde ich aus dem vorigen einige beſon-
dere Geſetze ableiten, von welchen Newton einen
großen Theil ſynthetiſch erwieſen. In dem folgenden ſeze ich gleichförmige Körper voraus,
die ſich anziehen in einem mittelbaren Verhält-

nůß ihrer Maſſen, und einem gegenſeitigen doppelten der Diſtanzen.

<h2 style="text-align:center">§. 7.</h2>

Die Kraft zu finden, mit welcher ein Punct von jedem andern in jeder Richtung angezogen wird.

Man ſuche die Kraft, mit welcher der Punct E (Tab. 2. Fig. 3.) anziehet den Punct P in der Direction PD. Man laße die perpendiculár Linie ED nieder, und vereinige E und P da nun die Kraft, mit welcher P angegriffen wird, ſeye $= \frac{1}{EP^2}$ ſo wird nach Zerlegung derſelben, für die Kraft in der Richtung DP ſeyn $\frac{PD}{PE} \times \frac{1}{PE^2} = \frac{pD}{PE^3}$.

Folgerungsſaz. Hieraus läßt ſich die treibende Kraft P gegen die Linie AB normaliter finden. Denn es ſeye $ED = x$, $PD = a$, ſo wird die Attractioo des Puncts F in der normal Direction ſeyn $\frac{PD}{PE^3} = \frac{a}{\overline{r\,a^2 + x^2}\,3}$,

nnd $\frac{adx}{\overline{r\,a^2 + x^2}\,3}$ das Element der ganzen Attraction ED nach der graden Linie PD, das daher $\int \dfrac{adx}{\sqrt{a^2 + x^2}}\ 3 =$

$$\dfrac{\displaystyle\int adx \sqrt{a^2 + x^2} - \dfrac{ax^2 dx}{\sqrt{a^2 + x^2}}}{a^2\,(a^2 + x^2)} =$$

$$\dfrac{x}{a\sqrt{a^2 + x^2}} = \dfrac{ED}{PD \times AP}\ \text{des}$$

A D.

Auf eben diese Weise erforſcht man die Gewalt des Theils DB, $= \dfrac{DB}{PD \times PB}$, daher

$\dfrac{AD}{PD \times AP} + \dfrac{DB}{PD \times PB}$ die Kraft anzeigt, mit welcher P von der Linie AB per-
pendiculär angezogen wird.

§. 8.

Die Kraft zu finden, mit welcher eine
grade Linie den Punct welcher in
derſelben liegt, in jeder
Direction anziehet.

Es ſey zuerſt die Frage von der Kraft der
Linie AB (fig. 9.) welche P nach der Richtung
der anziehenden Linie treibt. Man vereini-

ge die Puncte P und A. Es fey $PA = a$, $AE = x$, $AB = b$, fo wird die Fluxion der Attraction der Linie feyn $AE = \dfrac{dx}{2(a+x)}$

(§. 6.) und nach der Umänderung, gefezt daß $z = a + x$, fo erhält man das Integral

$= -\dfrac{1}{a+x} \pm A$, und $A = \dfrac{1}{a}$, daher

entfteht das vollkommene Integral $= \dfrac{1}{a} -$

$\dfrac{1}{a+x} = \dfrac{1}{PA} - \dfrac{1}{PE}$. Daraus entfpringt

die Kraft der ganzen Linie $AB = \dfrac{1}{PA} - PB$.

2) Wenn man die Kraft der Linie AP in jeder andern Direction PD erforfchen wollte, fo fende man die Perpendicul AC, EF und BD in PD herab, und nehme $PC = e$ an. Die Attraction des Puncts E nach PD, $=$

$\dfrac{PF}{PE^2} = \dfrac{PC}{PE^2 \times PA} = \dfrac{a(a+x^2)}{c}$ (§.7.), und

$\displaystyle\int \dfrac{cdx}{a(a+x)^2} = -\dfrac{c}{a(x+a)} \pm A = \dfrac{c}{a^2}$

$-\dfrac{c}{a(x+a)^2}$ druckt die Kraft der Linie AE

aus

aus, und also, gesezt daß $x = b$, so ist die Attraction der Linie $AB = \dfrac{c}{a^2} - \dfrac{c}{a(b+a)}$

$$= \frac{PC}{PA} \cdot \left\{ \frac{1}{PA} - \frac{1}{PB} \right\}.$$

§. 9.

Die Kraft zu finden, mit welcher die Peripherie des Zirkels einen kleinen Körper anzieht, der in einer perpendiculár-Linie steht, die an dessen Fläche durch das Centrum durchgeht.

Man suche die Gewalt, mit welcher P (Tab. 2. fig. 4.) von der Peripherie ABCD nach PG angezogen wird. Es seye $AB = x$, $BG = r$, $PG = a$ und p die Peripherie des Zirkels bey dem Radius 1, welchen Werth er überall in der Folge behält. Also ist $ABCD = pr$, und $\dfrac{PG}{PB^2} \, dBA$ ist die Fluxion der Attraction BA in der Richtung PG (§. 7.)

und also $\displaystyle\int \frac{adx}{\sqrt{a^2 + r^2}\,^3} = \frac{ax}{\sqrt{a^2 + r^2}\,^3}$ ihre ganze Kraft. Also druckt $\dfrac{apr}{\sqrt{a^2 + r^2}\,^3} =$

$PG \times \dfrac{ABCD}{PB^3}$ die gesuchte Attraction aus.

Fol-

Folgerungsſaz. Wenn PG $=$ o, ſo verſchwindet die ganze Kraft, womit P angegriffen wird, denn es wird gleichförmig von allen Seiten angezogen.

§. 10.

Die Kraft zu finden, mit welcher die Oberfläche eines graden Kegels einen im Scheitel befindlichen kleinen Körper anzieht.

Man ſucht alſo die Gewalt, mit welcher die Oberfläche des Kegels PALBE (Tab. 2. fig. 5.) anziehet P. Es ſey die Axe PC $=$ a, PA $=$ b, AC $=$ c, PF $=$ x und FD $=$ y. Daher PD $= \dfrac{bx}{a}$ und dPD $= \dfrac{bdx}{a}$.

Nun ſtelle man ſich die koniſche Oberfläche als in unzählige Zonen an der Baſis HE parallel getheilt vor, von welchen des einen EH Attraction in der Richtung der Axe iſt $\dfrac{PF}{PD^2}$ $\times$ DF $\times$ p $\times$ dPD (§. 9.) $=$ $\dfrac{dPD \times PC \times DF}{PD^2 \times PA}$ p wegen $\dfrac{FP}{PD} = \dfrac{PC}{PA}$, und alſo nach geſchehener Subſtitution, $=$ $\dfrac{pa^2 ydx}{b^2 x^2} = \dfrac{pacxdx}{b^2 x^2}$ (wegen y $= \dfrac{cx}{a}$)

$= pac$

$$\frac{pac}{b^2} \times \frac{dx}{x^2},$$ deſſen Integral $\frac{apc}{b^2}$ lx ab-
hangt von der Conſtruction der Logarithmik,
oder welches eben ſo viel iſt, von der Quadra-
tur der gleichſeitigen Hyperbol. Wenn alſo
$x = a$, ſo wird die Attraction der ganzen

koniſchen Oberfläche $\frac{pac}{b^2}$ la.

Folgerungsſaz. Wenn TMALPN ein
grader abgeſtumpfter Kegel iſt, ſo iſt die Kraft
ihrer Oberfläche welche P anzieht, der Unterſchied der Attractionen der koniſchen Oberfläche PALB und PNN, das iſt: $p \dfrac{PC \times AC}{PA^2}$

$$1PC - p \frac{PC \times AC}{PA^2} 1PT = P \frac{PC \times AC}{PA^2}$$

$$1 \frac{PC}{PT}.$$

§. 11.

Die Kraft zu erforſchen, mit welcher eine
cylindriſche Oberfläche einen kleinen Körper, der auf ihrer verlängerten
Axe liegt, anziehet.

Man ſucht der Oberfläche KOMDA
(Tab. 2. fig. 4.) ihre anziehende Kraft P.
Es ſey PL $=$ x, L $=$ Er, ſo wird PE

$= r x^2$

$\overline{r\ x^2 + r^2}$ seyn. Die Peripherie des Zirkels EF so mit ihrer parallelen Basis $= \dfrac{pr}{\overline{PL}}$ in

$\overline{PE^2}$ geführt worden, zeigt die Attraction dieser Peripherie an (§. 9.) $= \dfrac{prx}{r\ \overline{x^2 + r^2}}$3 und

also ist $\dfrac{drxdx}{r\ \overline{x^2 + r^2}}$3 die Fluxion von der Attraction der cylindrischen Oberfläche DE, dessen fluens, gesezt daß $r\ \overline{x^2 + r^2} = z$, durch eine leichte Verwandlung gefunden

wird $= -\dfrac{pr}{r\ \overline{x^2 + r^2}} \mp A = pX\ \dfrac{pr}{\overline{PB}}$

$= \dfrac{pr}{r\ \overline{x^2 + r^2}}$, und aus diesem Werth erhält

man nach geschehener Substitution, die Attraction der Oberfläche $= dX\ \dfrac{pr}{\overline{PB}}$

$\overline{KHMO}$

$\overline{PK}$

Anmerkung. $pX\ \dfrac{pr}{\overline{PB}} - \dfrac{pr}{r\ \overline{x^2 + r^2}}$

hat einen doppelten Werth, daß P zuerst fällt zwischen G und L, von welchem der eine diejenige

jenige Kraft anzeigt, welche gegen P würket, die andere aber, welche gegen N treibt. In der Mitte der Achse zernichten sich wechselsweise diese Kräfte, und der Körper P bleibt daselbst ruhig.

§. 12.

Die Kraft zu bestimmen, mit welcher eine sphärische Oberfläche einen ausser ihr, befindlichen kleinen Körper anzieht.

Man muß die Kraft erforschen, welche P Tab. 2. fig. 6.) nach dem Mittelpunct der Kugel OHEDC treibt. Es sey OHED der größte Zirkel, PH und PN zwey unendlich nahe Linien, welche den Zirkel in B, M, N und H durchschneiden; BL und HI die perpendicul in PI, CK in PH, BG und HF in PE. Man vereinige die Punete H und B mit C. Man setze PO $=$ a, PE $=$ b, PB $=$ z, PH $=$ x, und es wird OC $= \dfrac{b-a}{2}$,

$$PC = \frac{a+b}{2}, \quad PK = \frac{z+x}{2} = \frac{z^2+ab}{2z}$$

$$= \frac{x^2+ab}{2x} = \text{wegen } PB \times PH = PO$$

$\times$ PE, BM $\pm \dfrac{(b-a)\,dz}{2\,CK}$ wegen dem

Tri-

Triangel BCK $\circlearrowleft$ BLM, BG $= \dfrac{2\,CKz}{a+b}$

wegen dem Triangel PCK $\circlearrowleft$ PGB, HN $=$
$\dfrac{(b-a)\,dx}{2\,CK}$ wegen dem Triangel HIN $\circlearrowleft$

HCK und HF $= \dfrac{2\,CKx}{a+b}$. Wenn man

sich nun vorstellt, daß die sphärische Oberfläche sich in unzählige Zonen DBM und HNS
theile, und man von allen diesen die Attractionen zusetzt, so erhält man das gesuchte. Die
Zone DMB $=$ p $\times$ MB $\times$ BG und des-
sen Attraction p $\left[\dfrac{MB\times BG}{PB^2}\right]$, wovon ein

Theil in der Direction PE ist p $\left[\dfrac{MB\times BG}{PB^2}\right.$

$\times \left.\dfrac{PK}{PC}\right] = \left[\dfrac{\dfrac{(b-a)\,dz}{2\,CK}\times\dfrac{2\,CKz}{a+b}}{z\,2}\times\dfrac{\dfrac{z^2+ab}{2z}}{\dfrac{a+b}{2}}\right]$

p $=$ p $\dfrac{b-b}{(a+b)^2}$ (dz $+$ abz $-^2$ dz). Auf

die nemliche Art erhält man die Attraction der
Zone HNS, welche MBD allezeit begleitet,
$= \left[\dfrac{HN\times HF}{PH^2}\times\dfrac{PK}{PC}\right]$ p $=$ p $\cdot\dfrac{b-a}{(a+b)^2}$
(dx

$(dx + abx -^2 dx)$. Da durch die Zunahme z eine Verringerung von x entstehet,
so wird die Summe der Attractionen dieser

Zonen seyn $= p \dfrac{b-a}{(a+b)}{}^{2} (\pm dz \mp abz$

$-^2 dz \mp dx \mp abx -^2 dx)$, der Inte-

gral $p \dfrac{b-a}{(a+b)} \mp x \mp abx -^1 \mp z \mp$

$abz -^1)$ der Werth ist von der Attraction der
erzeugten Oberfläche durch die Revolution des
Bogens BH, welcher keiner Verbesserung be-
darf. Gesezt also daß $z = a$, und $x = b$,
so ist die Attraction der ganzen Oberfläche
$$\dfrac{2(b - a)^2}{(a+b)^2} p.$$

Folgerungssaz. Die Attraction der sphärischen Oberfläche ist grade wie das Quadrat
des Durchmessers, und umgewandt wie das
Quadrat der Distanz vom Mittelpunct.

§. 13.j

Die Kraft zu bestimmen, mit welcher eine
sphärische Oberfläche einen auf ihr gelegenen kleinen Körper anzieht.

Man finde die Kraft, welche P (Tab. 2.
fig. 7.) gegen C ziehet. Es stelle OHEB
den größten Zirkel vor, in dessen Fläche P gelegen,

legen; MN und BH zwey Linien, die sich
in dem Mittelpuuct des Körpers P durchschneiden und einen unendlich kleinen Winkel in sich
fassen, HI und CK die Perpendicul in MN,
ML in BH. MH und NF in OE. Man
vereinige M und N mit C. Es sey $PO = a$,
$PE = b$, $PN = x$, $PM = z$, und es wird

$$CM = CO = \frac{a + b}{2} \quad PC = b - a \quad PK$$

$$\frac{x - z}{2} = \frac{ab - z^2}{2z} = \frac{x^2 - ab}{2x} \quad MB$$

$$= \frac{(a + b)\, az}{2\, CK} \quad \text{und} \quad MG = \frac{2\, CKz}{b - a}. \text{ Auf}$$

eben die Weise, wie in dem vorhergehenden Problem findet man die Attraction der Zonen MB

gegen das Centrum, $= P \left\{ \dfrac{MB \times MG}{PM^2} \times \dfrac{PK}{PG} \right\}$

$$= \frac{a + b}{(b-a)^2} P \,(abz - ^2 dz - dz), \text{ und}$$

die Zonen HN $= P \left\{ \dfrac{NH \times NF}{PN^2} \times \dfrac{PK}{PC} \right\}$

$$= \frac{a + b}{(b-a)^2} P = (dx - abx - dx^2) \text{ de-}$$

ren Unterschied $= \dfrac{a + b}{(b-a)^2} P \,(dx - abx - ^2$

$dx - abz - ^2 dz + dz)$, dessen Integral
$= a$

$$= \frac{a+b}{(b-a)^2} p \; (-x - abx -^1 + 2 + abz$$

$-^1$). Also, gesezt daß $z = a$, und $x = b$, entstehet die Kraft der ganzen Oberfläche, die

gegen C würkt $= \dfrac{a+a}{(b-a)^2} p \; (-b \dagger a \dagger b$

$- a)$.

Folgerungssatz. Wenn es also einen leeren Planeten gäbe, so würde man in demselben eine Welt antreffen, in welcher die Erscheinungen der Schwere unbekannt wären. Die Thiere würden daselbst aufwärts, niederwärts und nach allen Gegenden mit der nemlichen Leichtigkeit gehen, woferne sie keine wechselseitige Attractionen gegen einander besäßen, in welchem Falle diese Kraft deutliche Würkungen äusserte, und würde nicht (wie es auf der Oberfläche der Erde geschiehet) durch eine stärkere zerstöhret werden.

§. 14.

Die Kraft zu finden, mit welcher eine zirkuläre Fläche einen kleinen Körper anziehet, der in einer perpendiculär Linie liegt, so durch den Mittelpunct des Zirkels durchgeht.

Man sucht die Kraft, mit welcher P, (Tab. 2. fig. 4.) gegen die Fläche ABCD nach der

A 5

Are PN angegriffen wird. Es seye db ein mit dem Zirkel DB concentrischer Zirkel, und in der nemlichen Fläche, PG $=$ a, Pl $=$ x, daher Gd^2 $=$ x^2 $=$ a, und die Weite des Zirkels bey dem Radius i $=$ f, (wie allezeit in der Folge) daher des Zirkels bd $=$ f (x^2 — a^2), dessen differential 2 fxdx. Die Attraction einer jeden Particul d in der Direction PG ist wie $\frac{PG}{Pd^3} = \frac{a}{x^3}$, und also ist das Differential der anziehenden Kraft des Zirkels bd $\frac{2\ fadx}{x^2}$, und 2 af $\int$ x —^{2} dx

$$= - \frac{2\ fa}{x} \pm A.$$ Da aber die Attraction verschwindet, gesetzt daß PG $=$ Ad, so wird A — $\frac{2\ fa}{a} =$ 0, und A $=$ 2 f, und also das gesuchte Integral 2 f — $\frac{2\ fa}{x} =$ 2 f $(1 - \frac{a}{x})$, daher die Kraft der ganzen Fläche BD $=$ 2 f $(1 = \frac{PG}{Pb}$, gesetzt daß PB$=$PB.

§. 15.

§. 15.

Die Kraft zu finden mit welcher ein grader
Kegel einen kleinen in feinem Scheitel
befindlichen Körper anzieht.

Man fuche mit welcher Gewalt P (Tab.
2. fig. 5.) von dem Kegel PABL angezogen
werde. Es gelte die nemliche Denomination,
wie in §. 10. und die Attraction des Kegels

wird feyn $PFDE = 2 f \int (1 - \frac{PF}{PD})$, PF

$$= 2 f \int (dx - \frac{(adx}{b}) = 2 f (x - \frac{ax,}{b}$$

und alfo die gefuchte Attraction des ganzen Ke-

gels $= 2 f (PC - \frac{PC^2}{PA}$.

Folgerungsfatz. Die Gewalt des abge-
ftumpften Kegels MTCABN welche P treibt
nach der Axe PC, ift gleich dem Unterschied der
Kräfte der Kegel PCAB und PTMN, das

ift $= 2 f \left[PC - \frac{PC^2}{PA} \right] - 2 f \left[PT - \right.$

$\frac{PT^2}{PM}] = 2 f \left[TC - \frac{PC \times TC}{PA} \right]$.

§. 16.

§. 16.

Die Kraft zu finden, mit welcher ein Cylinder einen kleinen Körper, der auf dessen verlängerter Axe liegt, anzieht.

Man sucht die anziehende Kraft P des Cylinders AM. (Tab. 2. fig. 4.) Es setze GL $=$ x, EL $=$ BG $=$ e, BK $=$ b und FG $=$ a. Da nun die Attraction der Fläche EF ist $2 f \left[1 - \dfrac{PL}{PE} \right] = 2 f$

$$\left(1 - \frac{x + a}{\sqrt{x^2 + 2ax + a^2 + c^2}} \right)$$ (§. 14.), welches in dx geführt wird $= 2 f \left(dx - \right.$

$$\frac{(a + x) dx}{\sqrt{x^2 + 2ax + a^2 + a^2}} \Big) = 2 f (dx -$$

$(adx + xdx) (x^2 + 2ax + a^2 c^2) - \tfrac{1}{2}) $ und die Fluxion der Attraction des Cylinders BF ausdrückt, dessen Fluens $2 f (x - (x^2 + 2ax + a^2 + c^2)^{\frac{1}{2}}) = A$ seine ganze Kraft anzeigt. Um A zu bestimmen merke man, daß daß gesetzt x $=$ o, werde $- 2 f (a^2 + c^2)^{\frac{1}{2}} + A = 0$, und $A = - 2 f (a^2 + c^2)^{\frac{1}{2}}$ daher wird das vollkommene Fluens $2 f (x - (x^2 + 2ax + a^2 + c^2)^{\frac{1}{2}} + (a^2 + c^2) 2 f (LP - GE + PB)$, und also die Kraft des ganzen Cylinders BM $= 2 f (FN - PK + PB)$.

§. 17.

§. 17.

Die Kraft zu bestimmen, mit welcher eine Sphäre einen kleinen Körper ausser sich, nach ihrem Mittelpunct treibt.

Man suche die Kraft, der Sphäre BCDE (Tab. 2. fig. 8.) welche P an= zieht nach ihrem Mittelpunct C. Es seye BLDGM die Section perpendiculär bey der Axe PE, der Radius der Sphäre $= r$, CP $= a$, $PO = PC - OC = b$, $PG = x$, $PD = PB = b + y$, und es wird $OG = x - b$, $GE = 2r - x + b$. Da $GE \times GO = BG^2 = BP^2 - PG^2 =$ $(b + y)^2 - x^2 = 2bx + 2rx - x^2$

$-2br - b^2$, so wird $x = \dfrac{(b + y)^2 + 2br + b^2}{2b + 2r}$

$= \dfrac{2b^2 + 2br + 2by + y^2}{2b + r} = \dfrac{2ab + 2by + y^2}{2a}$

wegen $a = b + r$. Die Gewalt welche den Körper P gegen die Fläche BLDM treibt, ist nach dem §. 14. $= 2f\left(1 - \dfrac{PG}{PB}\right) =$

$2f\left(1 - \dfrac{2ab + 2by + y^2}{2a(b + y)}\right)$, welche in

dx geführt $= \dfrac{bdy + ydy}{a}$ ist $\dfrac{fdy}{a}(2ry$

$— y^2$), deſſen Integral $\dfrac{f}{a}$ $(ry^2 — \tfrac{1}{3} y^3$

die Attraction des Segments OGBLDM ausdrückt, und wenn man dieſe weiß, ſo fehlt auch nicht eine gewiſſe Quantität, denn geſezt, daß $y = 0$, ſo verſchwindet das Ganze. Die geſuchte Attraction der ganzen Sphäre iſt alſo $\dfrac{4\ fr^3}{3\ a^2}$.

Auf eine andere Art.

Dieſes Problem läßt ſich auch nach dem §. 12. reſolviren. Denn man ſtelle ſich eine Sphäre vor (Tab. 2. fig. 6.) die aus unzähligen phyſiſch - dicken Oberflächen beſteht, deren Strahlen von $\dfrac{b — a}{2}$ bis zu 0 ſich vermindern, ſo wird die Attraction eines jeden ſeyn $= \dfrac{(b — a)^2}{(a + b)^2}\ p \bowtie d\ (b — a)$, deſſen Integral $\dfrac{p\ (b — a)^3}{3\ (a + b)^3}$ die ausgeübte Kraft der Kugel gegen den Körper P iſt.

Folgerungsſaz I. Da $\dfrac{4\ fr^3}{3}$ die Solidität der Sphäre ausdrükt und a die Entfernung des angezogenen Körpers von dem Mitteltelpunct, so ist die Attraction der Sphäre direct wie die Masse, und umgewandt, wie das Quadrat der Distanz von dem Mittelpunct. Dieses erhellet auch leicht von sich selbst, denn man stelle sich vor, daß alle Materie der Kugel im Mittelpunct ungehäuft seye, da nun in dem vordern, oder kleinen Körper P welcher der Halbkugel ORQ entgegen stehet, die Attractionen der Theile sich vermindern in dem gegenseitigen doppelten Verhältniß der Distanzen, aber in dem hintern RQE sich in eben dem Verhältniß vermehren, so ersezt eins das andere, und die Attraction bleibt die nemliche, man mag nun eine im Mittelpunct angesammelte Materie voraussezen, oder nicht, in dem ersten Falle aber, wird P angezogen, in einem umgewandten Verhältniß des Quadrats der Distanz von dem Mittelpunct, also auch in dem leztern.

Folgerungssaz II. Wenn man P auf der Oberfläche der Kugel voraussezt, das ist, wenn

$$s = r, \text{ so wird } \frac{4\,f r^3}{3\,a^2} = \tfrac{4}{3}\,f r,$$

daher ist in diesem Falle die Attraction direct wie der Radius der Kugel.

Folgerungssaz III. Der kleine Körper P wird unterhalb der vesten Kugel gegen den Mittelpunct angezogen in einem directen Ver-

hält-

hältniß seiner Distanz von demselben. Denn man stelle sich vor ein leeres Central welches durch P durchgehet, (Tab. 2. fig. 7.) und der Körper P wird von der Rinde OPSEH nicht angegriffen, (§. 13.) und deswegen nur in der Hypothese des vollen von der Sphäre PCS, diese aber ziehet an im Verhältniß des Radius.

Folgerungssaz IV. Zwey Sphären, deren Massen M und m, die Entfernung der Mittelpuncte D, ziehen sich wechselsweise an mit einer Kraft, welcher Verhältnißmäßig ist

mit $\dfrac{M \bowtie m}{D^2}$.

Folgerungssaz V. Da der Körper P angezogen wird von der Sphäre in einem umgewandten Verhältniß des Quadrats der Distanz von dem Mittelpunct, auch alle Theile der Sphäre P anziehen in einem umgewandten Verhältniß der Quadrate ihrer Distanzen, so ist also die Attraction des ganzen und aller Theile gleichförmig. Daher muthmaßte der berühmte Maupertuis, daß wegen dieser Ursache der Schöpfer jenes Gesez, für jedem andern gewählet habe.

§. 18.

Die Kraft zu finden, mit welcher ein grader Kegel mit einer parallel abgestumpften ten

ten Basis, einen in dem Mittelpunct der Section befindlichen Körper anziehet.

Man sucht die Kraft mit welcher der abgestumpfte Kegel TCAB (Tab. 2. fig. 5.) einen kleinen in T gelegenen Körper anziehet. Es seye $TF = x$, $FD = y$, $PT = a$, $PC = b$, $AC = c$. Die Kraft der Fläche $DE = 2\,f\,(1 - \dfrac{TF}{TD})$ und die Kraft des abgestumpften Kegels TFDE $2\,f$

$$\int (dx - \frac{xdx}{r\ x^2 + y^2}) = 2\,fx - 2\,f$$

$$\int \frac{xdx}{r\ \dfrac{x^2 + x^2\,c^2 + 2\,ac^2\,x + c^2\,a^2}{b^2}} \quad \text{wegen}$$

$$\frac{(a + x)\,c}{b} = y. \quad \text{Und also}$$

$$\frac{xdx}{r\ \dfrac{x^2 + x^2\,c^2 + 2\,ac^2\,x + c^2\,a^2}{b^2}} =$$

$$\frac{bxdx}{r\ c^2 + b^2\,x + 2\,ac^2\,x + c^2\,a^2}$$

bxdx

$$= \int \frac{bxdx}{c^2 + b^2} =$$

$$\int x^2 + \frac{2\,ac^2\,x}{b^2 + c^2} + \frac{c^2\,a^2}{b^2 + c^2}$$

$$\int \frac{b}{c^2 + b^2} \times \int \frac{xdx}{x^2 + 2nx + m^2}, \text{ gefezt}$$

$$\frac{2\,ac^2}{b^2 + c^2} = 2\,n \quad \frac{c^2\,a^2}{b + c^2} = m^2.$$ Es feye

jezo $z + r = x$, fo wird $z^2 +$

$$2\,zr \mp r^2 = x^2$$
$$2\,zn \mp 2\,nr = 2\,nx$$
$$2\,m^2 = m^2.$$

Gefezt alfo daß $r = - n$ fo erhält man $z^2 + x^2 + 2nr + m^2 + x^2 + 2nx + m^2 = + z^2 + g^2$, wenn man vorausfezt $g^2 = r^2 + 2nr + m^2$. Weil $x = z n$, fo wird dx

$= dz$ feyn; und deswegen $\int \frac{xdx}{m^2 + nx + x^2}$

$$= \frac{zdz}{\int z^2 + g^2} = \frac{ndz}{\int z^2 + g^2}$$ das vollkommene

Integral des erften Bruchs findet man leicht $\int z^2 + g^2 \mp A = \int x^2 + 2nx + m^2 = m.$

Um zu ergänzen $\int \frac{ndz}{z^2 + g^2}$ feße man

$\int g^2$

$$r \overline{g^2 + z^2} = g + qz$$ aus welcher Gleichung der Werth der Quantitäten dz und $r \overline{z^2 + g^2}$ in q bestimmt werden, und nach geschehener Substitution findet man $\dfrac{ndz}{r \overline{z^2 + g^2}} = n$

$$\frac{gdq \, \overline{(i + q^2)}}{(i - q^2)^2} \times \frac{i - q}{g(i - q)} = \frac{2\,ndq}{i - q^2}$$

dessen Integral $= nl \dfrac{i + q}{i - q} =$

$$nl \frac{z - g + r \overline{g^2 + z^2}}{z + g - r \overline{g^2 + z^2}} =$$

$$nl \frac{x + n - g + r \overline{x^2 + 2nx + m^2}}{x + n + g - r \overline{x^2 + 2nx + m^2}}$$

zur Verbesserung muß man demselben wegnehmen $nl \dfrac{n - g + m}{n + g - m}$.

Daher also $2f \displaystyle\int \left\{ dx - \dfrac{xdx}{r \overline{x^2 + y^2}} \right\} =$

$$2f\,x + 2f \frac{b}{r \overline{c^2 + b^2}} \, r \overline{x^2 + 2nx + m + mf}$$

$$(--nl) \frac{(x + n -- g + r \overline{x^2 + 2nx + m^2})(u + g -- m)}{(x + n + g -- r \overline{x^2 + 2nx + m^2})(n -- g + m)}$$

Aus diesem Werth, gesezt daß $x = b - a$, kommt die anziehende Kraft des abgestumpften Kegels in der Richtung der Axe zum Vorschein.

Anmerkung. $\dfrac{x \, dx}{\sqrt{x^2 + 2\, nx + m^2}}$ läßt sich

auch zu zwey rationellen Brüchen reduciren

$$\frac{2\, z^2 \, dz}{(n - 2\, z)^2} - \frac{2\, m^2 \, dz}{(n - 2\, z)^2}, \text{ gesezt}$$

$$x + z = \sqrt{x^2 + 2\, nx + m^2}.$$

§. 19.

Die angeführte Probleme hätten überhaupt resolvirt werden können, wenn man annimmt, daß das Gesez der Attraction $D^{\pm n}$, (D zeigt an die Entfernung, und n eine jede Zahl), da aber D^{-2} auf einem sehr sichern Grund beruhet, (§. 14.) so habe ich dieses für überflüßig geachtet.

Ich übergehe endlich hier viele zur gegenwärtigen Sache gehörige Probleme, theils weil einige derselben zu solchen Differentialen führen, deren Integrale ich noch nicht gefunden, theils weil ich von einigen eine leichtere Auflösung für die Zukunft erwarte.

LXX.

LXX.
Von den neuesten Entdeckungen in der Chymie.

La chymie est imitatrice & rivale de la nature; son objet est presque aussi étendu, que celui de la nature meme; cette partie de la physique est entre les autres ce que la Poesie est entre les autres genres de litterature; ou elle décompose les êtres, ou elle revivifie, ou elle les transforme.

DIDEROT.

Nichts veredelt das menschliche Geschlecht so sehr als Wissenschaften und freye Künste. Denn daß ohne Unterricht und Erziehung der Mensch keineswegs besser wäre als das Vieh, zeigen die Beyspiele derjenigen Kinder, welche von ihren Eltern verlaßen in wüsten Oertern und Wäldern auferzogen worden. Dergleichen Menschen besizen keine Vernunft, sondern werden nur von ihren Trieben regieret, die sie gleichsam blindlings reizen zum Unterhalt ihres Lebens, zu dessen Vertheidigung, und zur Fortpflanzung ihres Geschlechts; dieser-

F 5.   wegen

wegen man sie eher unvernüftige Thiere denn
Menschen nennen mögte. Und ohngeachtet
sie keine Gelegenheit haben ihren Geist zu verbessern, so darf man doch nicht glauben, daß
sie gar keine Geistes-Kräfte besäßen. Denn
der Schöpfer hat selbige, als ein Prärogativ,
und selbst als einen kleinen Theil der Gottheit,
dem ganzen menschlichen Geschlecht verwilligt,
und zwar unter diesem Gesez und Bedingung,
daß wir zur Erweckung und Bildung jener Gei-
steskräfte den Unterricht anderer bedürfen.
Er gab uns auch das Vermögen zu reden, wodurch wir vermögend sind zu denken, und unsere Gedanken andern mitzutheilen. Mit diesen Gaben ausgerüstet erforschen wir die Natur
der Dinge, richten unsere Gedanken auf höhere Sachen, und überreden uns, indem wir
die Werke des Schöpfers betrachten und darüber nachdenken, daß ein Gott vorhanden seye,
der alles anordne. Der Mensch ist weiter durch
keine andere Sache besser als die übrige Thiere;
durch diese allein herrscht er über sie, und be-
zwingt auch die allerwildeste, welche weit gröser
körperliche Kräfte besizen, durch seine Vernunft und Entschlüße. Allein diese große er-
haltene Herrschaft der Seele können wir auch
wiederum durch unsere Trägheit und Nachläßigkeit verliehren, und also nicht nur das un-
vernünftige Vieh im mindesten nicht übertref-
fen, sondern vielmehr demselben an Stärke,

Fleiß

Fleiß und angebohrner List nachstehen. Wenn
ich aber dieses überlege, so kann ich nicht genug
bewundern, wie einer der scharfsinnigsten Philosophen unsers Zeitalters, entweder aus Irrthum, oder aus Hang etwas neues und unerhörtes zu sagen, sich so weit vergangen, zu behaupten, daß diejenige Menschen am glücklich-
sten wären, je weniger sie die Wissenschaften kenn-
ten. Hätte er blos den Mißbrauch der Vernunft getadelt, so würde ich ihm nicht wider-
sprechen. Denn jedermann weiß, daß Begierden, Ehrgeiz, Lust nach schändlichen Dingen
gradeswegs zu den Lastern führen. Allein
es ist auch auf der andern Seite sehr wahr,
daß ein rechtmäßiger Gebrauch durch den Mißbrauch nicht aufgehoben werde. Zudem so fehlt
auch der Tugend ohne Widerwärtigkeit die Gelegenheit sich zu üben, und ohne den Reiz der
Laster hat man keinen Beweiß von der Stand-
haftigkeit der Seele. Der Schatten bey Ge-
mählden leistet die Würkung, daß er die Farben deutlicher unterscheidet, und sie mehr her-
vorstehen macht; eben so dienet auch in dem
menschlichen Leben das Böse dazu, um das Gute
zu erheben und zu offenbaren. Die nemliche
Vernunft, durch deren Mißbrauch wir auf die
schrecklichste Irrthümer stoßen, wird bey einem
klugen Gebrauch uns von Verdrießlichkeiten be-
freyen, und uns den herrlichen Weeg der
Wahrheit leiten. Die ganze Natur aber ist
so

so beschaffen, daß Niemand so träg und für
die Empfindung des Schönen stumpf seyn kann,
der nicht sollte auch wider Willen zur Bewunderung der Natur und ihres grosen Werckmei-
sters angetrieben werden; denn die gelehrteste
als auch unwissende Menschen finden bey dieser
Betrachtung allezeit Stof genug zur Ergözung
und Bewunderung; und wenn es auch würklich
so seelenblinde und verstockte Menschen giebt,
daß sie dasjenige, was sie sehen, nicht gerne
sehen, oder nicht sehen wollen, so können sie
doch jene Empfindung niemals völlig aus ihrer
Brust vertreiben. Wir sind so von unserer
Geburt an beschaffen, und die Gottheit hat
uns dieses zum Gesez gemacht, daß wir durch
die Erforschung seiner Werke glauben, daß ein
Gott seye, und Ihn nach Pflicht verehren;
wenn wir aber unsere Vernunft nicht gebrauch-
ten und verbesserten, so könnten wir hiezu so
wenig gelangen, als die übrige Thiere.

Allein ich will jezo nicht länger bey diesem
Beweis verweilen; denn es wäre hier zur un-
rechten Zeit, wenn ich von Sachen handlen
wollte, die Niemand bezweiffelt. Zudem scheinet es, daß Rousseau dasjenige, was er wider den Werth des menschlichen Verstandes vor-
gebracht, mehr um die Stärke seines Wizes
und Beredsamkeit zu zeigen, als seine wahre
Denkungsart zu offenbahren und zu vertheidi-
gen,

gen, geschrieben hat. — Vielmehr aber halte
ich es für Pflicht, daß ich hier eine Materie
zur Abhandlung aus meiner Wissenschaft wähle.
Ich habe mir also vorgesezt, etwas über den
Zuwachs der Chemie zu sprechen, doch so, daß
ich der Kürze wegen, mich nur auf unsere Zeit
einschränke.

Unter den Künsten ist die Chemie wegen
ihrem Alterthum berühmt. Niemand, dem
die alte Schriftsteller bekannt sind, wird zweiflen, daß die Egyptier, als das alleralteste Volck,
selbige schon in den ältesten Zeiten ausgeübt.
Die Egyptier aber gaben sich alle Mühe, ihre
Kunst und Erfahrung zu verbergen; daher kam
es denn, daß wir nur sehr weniges und unge-
wisses davon wissen. In der Folge der Zeit
nahm der alte Ruhm dieses Volks nach und nach
ab, die vorzeiten berühmte Schulen der Naturwissenschaft und Philosophie hörten auf; und
wenn die Sage wahr ist, daß in dem drittten
Jahrhundert nach Christi Geburt, die Bücher
der Egyptischen Priester auf Befehl des Diocle-
tians verbrannt worden seyn, so läßt sich gar
keine Hofnung mehr schöpfen, daß jemals ihre
geheime Kunst offenbar werde.

In der Folge der Zeit hatte die Chymie mit
andern Künsten das gemeinschaftliche Schicksaal, durch ungereimte und abergläubische Din-
g:

ge fast unterdrükt zu werden. Es ist auch kein
Wunder, daß verwirrte und wahrheits-wi-
drige Begriffe durch dunkele und fast sinnlose
Worte ausgedrukt worden. Es war auch überdies den Unwissenden daran gelegen, durch
dunkele Ausdrüke ihre eingebildete Wissenschaft
zu verbergen. Die Begierde nach Gold haf-
tete schon, gleich einer Seuche bey allen und
zwar nicht blos bey denjenigen, welche sich mit
Naturwissenschaften abgaben, sondern auch bey
den rohesten und niedrigsten Leuten, welche
durch ihre Thorheit so weit verleitet wurden,
daß sie aus jeden Materien, sogar unflätigen
Dingen, Gold und Arzeneien wider alle Krankheiten, auch Mittel zum langen Leben auszu-
arbeiten träumten. Denn dieses ist eine Folge
der menschlichen Schwachheit, daß man glaubt,
dasjenige am leichtesten zu finden, was man
am heftigsten wünscht und begehrt. Daher
geschieht es oft, daß man bey dem kleinsten
Lärm und Erfindung sich rühmt Gold und uni-
versal Arzeneien verfertigen zu können.

Den meisten aber gieng es wie dem Hunde
in den Aesopischen Fabeln, indem sie nicht nur
das gewünschte Gold nicht erlangten, sondern
auch selbst ihr eigenes Geld auf eine thörichte und
lächerliche Weise verschwendeten. Arm durch
ihre vergebliche Hofnung, blieb ihnen weiter
nichts übrig, als durch Prahlerey von Gold-
machen

machen und Vorgebung von Geheimnüßen andere zu betrügen, und dadurch Geld zu gewin-
nen. Ohngeachtet nun dieser Betrug bey einigen wohl geglükt, so konnte er doch nicht lange
unentdekt bleiben, und daher kam es, daß
diese Goldmacherkunst, welcher man den präch-
tigen Namen Alchymie beygelegt, allmählig in
Verachtung kam, und hin und wieder unter
schwerer Strafe verboten wurde.

Wer nun hier die Einwendung machen
wollte, daß dieser Ursprung der Chymie eben
nicht sehr rühmlich seye, der mag sich erinnern,
daß nichts so heilig, und fürtreflich seye, so
nicht einmal durch schlimme Begierden schlecht-
gesinnter Menschen seye verderbt und mißbraucht
worden. Wenn man überdies betrachtet, daß
die Alchemiker zwar auf eine unnüzliche, aber
doch nicht unmögliche Sache ihre Mühe verwendet, und dabey öfters durch einen glücklichen Zufall herrliche Erfindungen gemacht, so
scheinet doch, daß man ihren Irrthum und Fehler in etwas entschuldigen müsse. Denn nur
geringe Kenntniß in der Chymie erzeugte Betrug und Prahlerey, wenn sie aber richtig er-
lernt und begriffen worden, so zernichtet sie den
leeren Dunst der Lügen und lächerlicher
Träume.

Bey

Bey der Reformation der Religion in dem
sechzehnten Jahrhundert verbreitete sich zwar
ein neues Licht über Künste und Wissenschaften;
allein bey der Chymie war dieses noch nicht so
beträchtlich. Erst in unsern Zeiten ist diese
nüzliche Wissenschaft zu demjenigen Grad von
Ansehen und Ehre gekommen, welchen sie schon
lange verdient hatte. Sie legte zwar dabey
den lächerlichen Prunk prächtiger Worte auf
die Seite, und das eingebildete einer heimlichen
Wissenschaft, verspricht auch keine goldene
Berge mehr; sie hat sich aber gegenwärtig weit
wichtigere Gegenstände zur Ausübung vorge-
nommen, nemlich die Natur zu erforschen,
die Medicin zu erklären, und Künsten und
Wissenschaften aufzuhelfen. Wenn sie es
daher für unanständig hält, Gold zu machen,
so zeigt sie doch ohne Neid und Ehrgeiz die Methode, wie solches von vielen gefunden, und
durch anhaltenden Fleiß hervorgebracht werden
könne. Der Hauptentzweck der Chymie bestehet aber darinn, die Elemente der Körper,
ihre Anzahl und Mischung zu erforschen. Da
nun aber die Form der Körper, so man unter
dem gewöhnlichen Namen Eigenschaften begreift,
von der Natur und Mischung der Elemente ab-
hangt, so kann man leicht begreifen, daß je
genauer selbige erforscht werden, je grössere
Vortheile man auch davon erhalte.

Wenn

Wenn ich aber hier von dem neueſten Zu=
wachs in der Chymie ſprechen will, ſo muß
ich zuvor erinnern daß zwey Arten von Körpern
auf unſerer Erde vorhanden. Die eine und
zwar größte Art derſelben iſt ungeſtalt und roh,
durch eine Zuſammenwachſung der Theile ge=
bildet, und mit keinen Gefäßen verſehen, wel=
che Nahrungsmittel zuführen; dieſes ſind z.
B. die Erden, Steine, Salze, Metalle,
Waſſer, Luft, Feuer, die man auch gewöhnlich
inorganiſche Körper nennt. Die andere Art
unterſcheidet ſich durch die unendliche Manch=
faltigkeit der Geſtalten, und begreift Körper
unter ſich, die von Natur ſo gebaut werden,
daß die ihnen zur Nahrung dienende Feuchtig=
keit durch ſehr kleine Gefäße ihnen zugeführt
und nach allen Theilen verbreitet werde. Hie=
her gehören Pflanzen und Thiere, ſo man auch
unter dem allgemeinen Namen organiſche Kör=
per begreift. — Gegenwärtig will ich nun den
Anfang mit den einfachen unorganiſchen machen.

Die Anzahl von Erden und Steine iſt ſehr
gros, und aus denſelben beſtehet der veſte
Theil der Erde. Um aber ſelbige auf eine leich=
tere Art zu erkennen, haben ſich viele Männer
auſſerordentliche Mühe gegeben zur Verferti=
gung eines Lehrgebäudes; deren Anſehen, weil
es ſich auf einen ſchwachen Grund ſtüzte, all=
mählig verſchwand. Diejenige Syſteme hat=

G ten

ten aber ein beständigeres Lob, welche der Na=
tur gemäß, sich auf die Elemente der Ste ne
und Erden gründete. Man hat aber sechs Ar=
ten von Erden, die man ursprüngliche nennt,
von Natur verschieden sind, und, so viel ich
weiß, in keine einfachere aufgelöset, oder in
eine andere Art verwandelt werden können.
Diese sind nemlich die Schwererde, Kalcherde,
Magnesie, Thon, Kieselerde, und die edle
Erde der Edelsteine. Aus der verschiedenen
Mischung und Gewicht derselben, entstehen
verschiedene Arten von Steine und Erden, wel=
che in neuern Zeiten so erforscht worden sind,
daß man einige durch die Kunst nachmachen
kann, z. B. den Flußspath, Kiesel, und
den Bergkrystall selbst. In diesen Stüken
wird zwar die Kunst von der Natur durch die
Schwere übertroffen, allein diesen Unterschied
kann man leicht vergessen, wenn nur in den
übrigen Stüken die Kunst mit der Natur über=
eintrift; man kann auch übrigens hoffen, daß
die Kunst so weit gedeihen werde, um noch
andere Dinge hervorzubringen, welche bisher
nur der Natur allein vorbehalten waren.

Wenn die Erden in grössere Klümpen zu=
sammengewachsen sind, so bilden sie öfters
deutliche Figuren, die nach einem gewissen
Gesez und Ordnung gebildet sind. Da es nun
den Salzen eigen ist, sich in Krystalle zu bilden,
so

so haben einige behauptet, daß eine salzige,
Materie in allen Körpern befindlich seye, die
von Natur mit einer Gattung Kristalle versehen sind. Ich will auch keineswegs die Wahrheit dieser Behauptung läugnen, indem es durch
die neuste Versuche sehr wahrscheinlich ist, daß
fast alle Erden an der Natur der Salze theil
nehmen, und zwischen beiden die Gränzen sehr
unbestimmt seyn. Man muß aber auch wohl
bemerken, daß zur Bildung der Kristalle nicht
allezeit die Auflösung derjenigen Materie nothwendig sey, aus welcher die Kristalle entstehen.
Denn die Theile verschiedener Körper, wenn
sie anders nur fein genug sind, und in einer
gewissen Ruhe an demjenigen Orte, der ihre
wechselseitige Attraction begünstiget, versetzt
bleiben, stoßen oft von selbst zusammen, und
bilden deutliche Gestalten. Daher siehet man
daß der Arsenic, Auripigment und andere Körper, die durch die Gewalt des Feuers in Dämpfe verwandelt werden, aus den Dämpfen
selbst sich wiederum unter einer kristallischen
Gestalt erzeugen. Eben dieses wiederfährt
dem Schwefel, und den meisten Mettallen,
wenn sie nach dem schmelzen langsam erkalten.
Bey denselbigen kommt die kristallische Figur
fast auf der Oberfläche zum Vorschein; denn
tiefer in ihnen findet keine deutliche Gestalt,
wegen ihrer eigenen Schwere statt. Einige
Metalle werden nach ihrer Verbindung mit

Queck-

Queckſilber zu Kriſtalle, es iſt auch nicht un-
wahrſcheinlich, daß das nemliche durch das bloſ-
ſe Kochen im Waſſer bewerckſtelligt werden
könne. Da aber übrigens der Unterſchied von
kriſtalliſchen Figuren ſo groß iſt, ſo darf man
ſich nicht wundern, daß viele daran fleißig ge-
arbeitet dieſe Figuren zu beſtimmen, und unter
gewiſſe Klaſſen zu bringen. Gegenwärtig weiß
man aber ſoviel aus der Erfahrung, daß die
meiſte Varietäten der Kriſtalle von einigen zu-
fälligen Veränderungen der Materie herrühren.

Nachdem man aber die Natur der Erden
genauer kennen lernt, ſo läßt ſich viel leichter,
als ehedem beſtimmen, welche von denſelben
am beſten zum Ackerbau, Bau der Häuſer,
Töpfer- und Glasmacherkunſt, Ziegelbrennen,
u. d. m. zu gebrauchen. Gegenwärtig aber
kann ich hiervon nicht umſtändlich handlen,
ohne die Zeit zu mißbrauchen, und die Nach-
ſicht der Leſer zu ermüden. Nur dieſes füge
ich hier noch bey, daß jener merkwürdige Stein,
welchen man gewöhniglich Weltaug nennt,
vor kurzer Zeit in ſeiner Mutter gefunden
worden, und daß der Erfahrung zufolge ſelbi-
ger zur Kieſelgattung gehöret. Auſſerdem iſt
die Natur der Edelſteine, die wegen ihrem
Glanz und Härte einen ſo großen Werth beſi-
zen, daß ſelbſt Plinius ſelbige, die ins enge
gezogene Maieſtät der Dinge genannt, jezo ſo
be-

befannt, daß man sie nicht nur von den Kiesel, sondern auch unter sich selbst unterscheiden kann. Etwas sonderbares ist es, daß die edle Materie der Edelsteine, eben so wie auch das Gold, überall in verschiedene Körper eingemischt seye, und doch findet man wenige Oerter, fast nur in den heissesten Gegenden, wo man sie in Massen gebildet unter der Gestalt der Edelsteine antrift. Auch bezeugen einige kostspielige Versuche, daß der Deamant, ausser welchem die Natur nichts härters erzeugt hat, bey einem mäßigen Feuer, und dem Zutritt der Luft, sich so verzehre, daß nichts von ihm zurückbleibe, da doch die übrige Edelsteine die Würkung des Feuers so standhaft ertragen, daß sie durch einen Brennspiegel nicht zu schmelzen sind. In einem bedekten und lutirten Tiegel stehet der Deamant lange Zeit ein heftiges Feuer unbeschädigt aus, doch verbrennt er endlich durch heftige Gewalt, und stößt etwas rußiges und Luftsäure aus.

Zur Vervollkommnung und Beförderung der Chymie ist eine genaue Kenntniß der Salze nothwendig, weil sich ihrer die Natur zu vielen und wichtigen Dingen bedienet. Unsere neuere Naturforscher haben sich auch diese Materie sehr angelegen seyn lassen. Ihr Fleiß und Bemühung hat es dahin gebracht, daß man nicht nur viele Salze, die nur dem Na=

G 3 men

men und Nutzen nach den Alten bekannt waren, in Rückſicht ihrer Erzeugung und Beſtandtheile kennt; ſondern man weiß auch jetzo
die Methode neue Salze aus ihren Elemen-
ten zu bereiten. Von den ſauren Salzen giebt
es nicht wenige, deren Natur heut zu Tage
entweder genauer beſtimmt worden, oder wohl
gar vorher unbekannte erfunden und durch
Verſuche bekannt worden. In dem Mineralreich wurden die Säuren des Flußſpaths, Ar-
ſenics und Borax, und in dem Pflanzen- und
Thierreich viele andere Säuren entdekt, die ich
gleich nennen werde. Die feinſte Säure aber,
welche zugleich den größten Werth beſizt, iſt
allen Naturreichen gemein. Weil ſelbige faſt
für alle Sinne zu fein, und wegen ihrer Leichtigkeit, Durchſichtigkeit und Elaſticität eine
Luft vorſtellt, ſo haben ihr viele den Namen
fixe Luft gegeben, der aber doch nicht recht bequem zu ſeyn ſcheinet. Sonderbar iſt es, daß
dieſe Säure den Thieren ſehr heilſam, und auch
ſehr ſchädlich ſeye. Sie iſt überall in der Atmosphäre befindlich, und kann daher Luftſäure
genennt werden; ſie vermiſcht ſich auch leicht
mit verſchiedenen flüßigen Dingen, und theilt
ſelbigen eine angenehme küzelnde Säure mit.
Der Champagner Wein, Pyrmonter Waſſer,
und alle durch die Gährung bereitete Geträn-
ke, haben dieſer Luftſäure ihren angenehmen
Reiz zu verdanken; denn wenn ſie ſelbigen
ver-

verliehret, so werden sie kahnig, wenn man
sie aber wieder zusezt, so erhalten jene ihre
vorige Annehmlichkeit wieder. Diese Säure
nuzt auch viel wider die Fäulniß, indem sie
die bevorstehende nicht nur abhält, sondern
auch die gegenwärtige vermindert und verbessert: sie macht das schon stinkende faule Fleisch
wieder angenehm und eßbar; und wer dieses
vor zwanzig Jahren zu thun versprochen hätte,
dem hätte man schlechterdings nicht geglaubt.
Wegen dieser Fäulnißwidrigen Kraft fande
man die Luftsäure gut im Scorbut, und in
Fiebern und Geschwüren, die sich der Fäulniß
nahen. Von den Gesundwassern haben die
meiste ihre Heilbarkeit keiner andern Sache
mehr, als der Luftsäure zu verdanken; und
diese theilt auch andere Materien, welche dem
Wasser beygemischt sind, ihre Kraft und Würkung mit, die sonsten für sich allein ganz gering seyn würde. Diese Wasser hat die Kunst
nachzuahmen gelernt, zum grossen Nuzen derjenigen, die aus Armuth, oder Hinderniß der
Reise, oder schlimmer Witterung nicht im
Stande sind, an die Quelle zu reisen. Und
obgleich diese herrliche Erfindung bisher in grossen Städten verabsäumt worden, so hat sie
doch in vielen Provinzen wunderbaren Nuzen
gestiftet.

Die Zukunft wird aber zeigen, ob
die Behauptung derjenigen wahr seye, welche
G 4 vorge-

vorgeben, daß die Salpetersäure aus der Luftsäure, die ihr Phlogiston verlohren, erzeugt
werde. Sie berufen sich zwar auf Versuche,
welche ihre Meynung unterstützen sollen; allein selbige scheinen nicht hinlänglich zu seyn,
und man muß also sein Urtheil darüber ver-
spahren, um keinen Fehler zu begehen.

Die Mineralsäuren und alkalische Salze
sind ihrer Natur nach so einfach, daß man
bisher nicht bestimmen konnte, aus welchen
Theilen sie zusammengesezt seyn. Doch haben Versuche gezeigt, daß die Salzsäure mit
einer feinen Fettigkeit beladen seye, oder vielmehr mit Phlogiston, und wenn sich diese aus
der Verbindung mit der Säure losmacht, so
wird es zu einem rothen Dampf, dessen Natur man nicht kennt, ausser nur soviel, daß
wenn eine neue Verbindung mit Phlogiston
geschiehet, sich auch die Salzsäure von neuem
wieder ersezt. Viele stehen in der Meinung,
daß sich die Salpetersäure nicht erzeugen könne, woferne kein Phlogiston sich mit ein-
mischte; man hat aber von demselben keine
Spuren in dieser Säure entdekt. Eben so
verhält es sich auch mit dem Phlogiston, das
in allen andern Säuren zugegen seye, denn
ausser der Salzsäure läßt sich selbiges schwerlich durch richtige Versuche in andern Säuren
erweisen. Die neulich bekannt gemachte Ent-
wicke-

wickelung der Salpetersäure scheinet wenig wahres an sich zu haben, indem bey der Erklärung der Natur der Salpetersäure ein grober Fehler begangen worden.

Daß in dem flüchtigen Alkali ein Phlogiston vorhanden, zeigen viele und deutliche Beyspiele. Wenn aber das Phlogiston davon weggetrieben worden, so bleibt von dem Alkali nichts übrig, als ein elastischer Dampf, der eine Flamme auslöscht, und von gemeinem Wasser und Kalchwasser nicht verschlungen wird. Man hat aber noch nicht aus diesem Dampf durch zugesetztes Phlogiston das flüchtige Alkali wieder herstellen können. Man glaubt daß die fire Alkalien durch wiederholte Auflösungen und Austrocknen so weit können gebracht werden, daß sie sich in eine Erde und Wasser auflösen. Dieses ist zwar wahr, daß aus den alkalischen Salzen, besonders aus dem Pflanzenreich eine gewisse Erde durch dieses Kunststück abgesondert werde, allein dieses gehört nicht zu dem Alkali selbst, sondern ist eine Kieselerde welche das Alkali durch einen ohngefähren Zufall sich zugesellt. Uebrigens kann man auch leicht daraus abnehmen, daß in den alkalischen Salzen ein Phlogiston vorhanden, weil sie sich mit dephlogistisirter Salzsäure verbinden, und mit derselben zu Neutralsal-

G 5

zen

zen werden, die denjenigen, welche die gemeine
Salzsäure erzeugt, vollkommen ähnlich sind.

Ich zweifle keineswegs, daß alle natürliche
Körper eine gröſſere oder geringere Menge an
Phlogiston enthalten. Wenn es in Ueberfluß
vorhanden, und nicht veſt gebunden iſt, so erzeugen sich dadurch Materien, die leicht Feuer
fangen und verbrennen. Diejenige, so nur
aus Säure und Phlogiston beſtehen, heiſſen
gewöhnlich Schwefel, von welchen es wahrſcheinlich mehrere Arten giebt, ohngeachtet eigentlich nur zwey davon bekannt sind, nemlich
der gemeine Schwefel und Phosphorus. Im
folgenden werde ich aber noch zeigen, daß man
die Metalle nicht unbillig zu den Schwefelar-
ten zählen könnte.

Aus den Oelen erhält man auf verschiedene Art Phlogiston, Luftsäure und Feuer,
welche ihre Elemente zu seyn scheinen, ohngeachtet man aus demselben bis jetzo noch kein
Oel bereiten kann. Das feinſte Oel welches
aus der Erde hervorquillt, heißt Naphtha;
es iſt im Morgenlande so häufig, daß ganze
Bäche und Quellen damit angefüllt sind. Die
Naphta wird durch das Alter zähe, und verwandelt sich also in Steinöl oder Harz, das
mit Kalch den Schweinsſtein, mit Thon den
schwarzen Schiefer, Steinkohlen, u. d. m. bildet
Am-

Amber und Bernstein bestehen aus Oel.
Erde, Wasser und einer besondern Säure.
Man ist von ihnen nicht versichert, ob sie würklich zum Mineralreich gehören, oder etwa zum
Pflanzenreich. Soviel ist aber gewiß, daß sie
ehedem flüßig gewesen, weil man öfters Stücke findet, die Insecten und andere kleine Thier-
chen enthalten. Noch neulich fande man Holz,
wovon die Hälfte in Bernstein verwandelt war.
Doch ist alles dieses nicht hinreichend, um die
Natur des Bernsteins und Ambra zu erklären. Der Amber erhält seinen Werth vom
Geruch, und der Bernstein von seiner Durchsichtigkeit. Man sagt einige hätten das Ge-
heimniß besessen, den Bernstein ohnbeschadet
seiner Durchsichtigkeit zu schmelzen; allein ich
bezweifle sehr davon die Wahrheit, ohngeachtet ich auch zugebe, daß diese Kunst von grossem Werth seyn würde, wenn sie einmal ausfündig gemacht würde.

Die übrige Metalle sind schwerer als die natürliche Körper: denn die leichtesten sind sechs
mal, und die schwersten zwanzigmal schwerer
als das Wasser. Einige derselben sind dehn-
bar, andere spröde, daher ihre Nutzbarkeit verschieden ist. Zu den eilf Metallen, welche den
Alten schon bekannt waren, hat man in neuern
Zeiten noch vier andere entdekt; und ihre Beschaffenheit ist durch den Fleiß der Schweden
bestimmt

beſtimmt werden.   Uebrigens aber beſtehen
alle Metalle aus Phlogiſton und einer beſondern Erde, die in verſchiedenen Metallen verſchieden iſt.   Dieſe Erden nennt man gewöhnlich metalliſche Kalche.   Es hängt ihnen allezeit etwas Phlogiſton an, das aber doch zur
metalliſchen Form nicht hinreichend iſt.   Von
dem weiſen Arſenic iſt bekannt, daß er eine
Säure ſeye, die ihre Veſtigkeit von dem Phlogiſton hat, durch deſſen häufige Beymiſchung
der Arſenickönig entſtehet.   Alſo iſt dieſes
Metall ſelbſt, oder der Arſenickönig ein Schwefel der auch leicht Feuer fangt, und mit einer
ziemlich deutlichen Flamme brennt.   Da ſich
nun dieſes ſo verhält, ſo hat man keine geringe Vermuthung, daß auch andere Metalle die
nemliche Beſchaffenheit beſitzen, ohngeachtet in
denſelben das Phlogiſton mit der Säure genauer vereinigt iſt, und nicht ſo von derſelben
getrennt werden kann, daß man ihre Natur
genauer unterſuchen könnte.   Doch ſtehet zu
erwarten, daß man dieſes vielleicht in Zukunft
erfinde.   Man muß aber den Reichthum und
Menge der Natur bey Hervorbringung der
Säuren billig bewundern; denn auſſer denjenigen Säuren, die wahrſcheinlich in den funfzehn bekannten Metallen zugegen, ſo hat man
die wahrſcheinliche Vermuthung, daß auch die
urſprüngliche Erden aus Säuren die mit Waſſer coagulirt ſind, entſtanden, wie man ſolches

ches am Quarz siehet, welcher aus dergleichen
Mischung durch die Kunst bereitet werden kann.

Aus diesem allem aber siehet man leicht
ein, daß wenn man würklich die Metalle durch
die Kunst hervorbringen könnte, solches auf
keine andere Art geschehen würde, denn durch
die Veränderung der Säuren, und deren Vereinigung mit dem Phlogiston. Das Phlogiston aber hängt in einigen Metallen so vest an
seiner Säure, daß sie auch durch das stärkste
Feuer in keinen Kalch verwandelt werden können. Von denjenigen, die wegen ihrer Beständigkeit im Feuer edle heissen, hat man drey,
nemlich Gold, Platine und Silber. Das Quecksilber steht fast in der Mitte zwischen den ed-
len und unedlen Metallen, und ist von allen
andern darinn unterschieden, daß es auch bey
der geringsten Wärme, wie selbige in der Atmosphäre befindlich, flüßig bleibt.

Die heutige Chymiker haben vielen Fleiß
verwendet auf die Kenntniß der Natur der Metalle, auf ihre Mischung und Erze; daher hat
die Kunst die Metalle zu erforschen, von einander abzuscheiden, zu reinigen und zu bear-
beiten, große Vortheile und Zuwachs erhalten.
Ausserdem hat man auch noch dieses den Che-
mikern zu verdanken, daß wir uns der Metalle auf mancherley Art, ohnbeschädigt unserer

Ge-

Gesundheit bedienen können. Das Kupfer
mag hier zum Beyspiel dienen, denn ohngeachtet dieses sehr nuzbar ist, so kann man es doch
ohne Nachtheil nicht zu Küchengefäßen brau-
chen, indem es nicht nur von Säuren, sondern auch von Salz, fetten Brühen und Oelen angegriffen wird. Man glaubt zwar gewöhnlich, daß alle Furcht der Gefahr verschwin-
de, wenn die kupferne Gefäße verzinnt würden; dieses aber ist falsch, weil das kaufbare
Zinn unrein und mit Bley verfälscht ist, das
durch seine giftige Eigenschaft und Auflösbar-
keit das Kupfer selbst übertrift. Wenn also
das Zinn etwas wider die giftige Eigenschaft
des Kupfers nutzen soll, so muß es sehr rein
seyn, und gleich dem Silber und feinem Golde
probirt werden. Viel sicherer aber ist die neue
Erfindung, daß man das Eisen durch eine ge-
wiße aufgebrannte Glasrinde, wider den Rost
und Schärfe vertheidigt; und wahrscheinlich
ist dieses auch bey kupfernen Gefäßen thunlich.
Keine bessere Materie aber für irrdene Gefäße
und Küchengeschirr giebtes als der Töpfer-Stein.

In Siberien haben neulich Reisende eine
sehr merkwürdige und fast unerhörte Sache
wahrgenommen. Sie fanden nemlich auf der
Spitze eines steilen Bergs, ohne daß in der
Nähe nur das geringste von alten Erzgruben
sichtbar gewesen, eine veste Eisen-Masse von
1600.

1600. Pfunde. Dieses Eisen ist wie ein
Schwamm mit unzähligen Löchern durchbohrt,
die mit einer Steinmasse angefüllt sind, so
dem Chrysolith an Härte, Farbe und Verhältniß im Feuer gleich kommt. Wegen seiner
Weiche kommt es dem geschmiedeten Eisen so
nahe, daß man es glühend und kalt hämmern
kann, doch aber in heftigem Feuer spröde wird.
Zudem verhält es sich gegen die Säuren und
den Magnet nicht anders als wie das reinste Eisen. Man kann aber schlechterdings nicht muth-
maßen, daß es durch die Kunst geschmolzen
seye, vielmehr scheint es ein Werk der Natur
zu seyn, das ganz sonderbar und einzig in seiner Art ist. Da man aber heut zu Tage flei-
siger, als in vorigen Zeiten die feuerspeyende
Berge untersucht, und man ihr Daseyn sehr
alt, und wie es scheint, an vielen Orten älter
als man sich davon erinnern kann, ist, so haben viele geglaubt, daß die ganze Oberfläche der
Erde von einem unterirrdischen Feuer gebildet
worden. Ohngeachtet man nun wahrscheinlich
bey dieser Meinung zu weit gegangen, so kommt
es mir doch wahrscheinlich vor, daß jenes Eisen
unter der Erde aus seinem Erze, durch eine von
selbst entstandene Entzündung ausgeschmolzen
seye. Denn dieses macht hier nichts zur Sache, weil man keine Spuren von feuerspeyen-
den Bergen in der Nähe gefunden, indem selbiges

bige durch die Länge der Zeit konnten verſchüt-
tet worden ſeyn.

Biß hieher habe ich von jenen Erfindungen
der neuern Chymie gehandelt, wodurch die grö-
bere Beſchaffenheit unorganiſcher Körper erkläret wird. Nun muß ich noch von den feinern ſprechen. Das Waſſer haben viele auf
mancherley Art in der Abſicht unterſucht, um
ſeine Beſtandtheile zu kennen. Allein ihre Hofnung hat ſie betrogen: denn die Erde, welche
ſie durch verſchiedene Handgriffe aus dem Waſſer hervorbrachten, war nicht ein Theil des
Waſſers ſelbſt, ſondern ſie war zufällig zuge-
miſcht. Inzwiſchen iſt es aber auch nicht glaublich, daß das Waſſer an ſich einfach ſeye; ſo
lange es wenigſtens flüßig iſt, ſo hat es ſo viele
Wärme in ſich, daß es wenigſtens zwey und
ſiebenzig Grade auf dem ſchwediſchen Thermometer zum ſteigen zu bringen, bevor ſie aus
dem Waſſer ausgetrieben worden: wenn aber
die Wärme ausgetrieben worden, ſo verwandelt ſich das Waſſer in Eis. Uebrigens aber
iſt es wahrſcheinlich, daß die kleinſte Theile des
Waſſers veſte: denn man kann ſich kaum ein
flüßiges Weſen vorſtellen, ohne dabey zu ge-
denken, daß es aus ſehr feinen und bewegli-
chen Theilen beſtehe. Durch Verſuche iſt aber
noch nicht erwieſen, ob durch eine ſtrenge Kälte
das Verlangen nach der Wärme, und das

Ver-

Vermögen der flüßigen Gestalt in diesen Theilen des flüßigen Wassers verlohren gehe.

Die Luft umgiebt überall die Erde, und
ist derjenigen Thiere, so auf der Erde leben
ihre Wohnstädte und Lebensunterhalt. Ohngeachtet sie so fein ist, daß sie die Sinnen nicht
erreichen können, so konnte sie sich doch dem
Fleiß der Chymiker nicht so entziehen, daß
diese nicht Hofnung gefaßt hätten, ihre Elemente zu erforschen. Gegenwärtig will ich
nicht von der Feuchtigkeit der Atmosphäre sprechen, deren Quantität man jetzo durch einen
Hygrometer bestimmen kann; auch nicht von
denen in der Luft zerstreuten Dünsten, sondern eigentlich nur von demjenigen, was die
Natur der Luft zunächst angehet. Sie ist
nirgends einfach, oder wie man sagt homogen,
sondern bestehet aus einer dreyfachen Vereinigung verschiedener Theile. Die größte Menge derselben macht die Luft aus, so weder vor
das Leben der Thiere, noch zur Ernährung der
Flammen dienlich ist; und wenn selbige sollte
einmal allein auf der Erde liegen, so würde
das Leben der Thiere und alles Feuer sogleich
aufhören. Diese Luft kann man die schädliche
oder mephitische Luft nennen. Um aber die
schädliche Kraft zu brechen, so hat ihr die Natur reine Luft zugemischt, welche den vierten
oder dritten Theil der Atmosphäre ausmacht.

    Durch

Durch diese allein wird das Leben unterhalten, und ohne diese können die Thiere nicht Athem schöpfen. Ihre Kraft und Heilbarkeit ist so groß, daß wenn nur eine kleine Menge derselben, die sich der mephitischen Luft zugemischt, die Gefahr der Erstickung abwendet, oder doch wenigstens verzögert. Auch ernähret sie das Feuer, und nach der Wegschaffung aller mephitischen Luft erquickt sie einen schmachtenden Menschen so, daß er sich stärker fühlet, und gleichsam mit einem ungewöhnlichen Glanz glänzet.

Hieraus folgt also, daß woferne keine mephitische Luft in der Atmosphäre vorhanden, so würde das Feuer durch die reine Luft angeblasen, alles durch einen allgemeinen Brand verzehrten. Das übrige in der Atmosphäre besteht aus Luftsäure, die aber doch gering ist, daß sie kaum $\frac{1}{16}$ der ganzen Masse ausmacht. Nun habe ich schon oben erinnert, daß die in Magen und Därme aufgenommene Luftsäure eine heilsame Kraft besitze; allein für die Respiration ist selbige nicht nothwendig, sondern verursacht vielmehr einen gewaltsamen Tod. Es ist bekannt, daß die Muskeln der Thiere eine scharfe Empfindung nach einem Reiz, oder die sogenannte Reizbarkeit besizen, vermöge welcher sie nach einem Reiz plözlich zusammen gezogen werden. Ohngeachtet nun diese Kraft

gewöhn-

gewöhnlich einige Stunden nach dem Tode in
dem Körper noch vorhanden bleibt, so hört sie
doch sogleich in denjenigen Thieren auf, die
durch die Luftsäure erstickt sind, denn wenn man
ihnen das Herz sogleich nach der Erstickung aus
dem Körper herausnimmt, so bleibt es auch
bey dem schärfsten Reiz unempfindlich. Daraus folgt nun offenbar, daß die Luftsäure die
Reizbarkeit des ganzen Körpers unterbreche,
ohngeachtet sie nur von der Lunge eingeath-
met wird.

Ich sagte daß die reine Luft gewöhnlich nur
den vierten Theil der atmosphärischen Luft
ausmache, und daß diese um so heilsamer seye,
jemehr sie reine Luft enthalte. Da es nun
sehr nützlich scheinet, das Maas zu finden, nach
welcher man die Heilbarkeit der Luft bestimmen könne, so haben die Neuere Werkzeuge
und Apparat erdacht, um diese Ausmessung
damit vorzunehmen. Durch Hülfe derselben
weiß man nun, daß die Luft bey Tag reiner
seye als diejenige, so in den Wohnzimmern befindlich, in den Wohnzimmern selbst seye sie
aber um so schädlicher, jemehr die Luft, welche
sich ausserhalb befindet, ausgeschlossen wird,
und in den Ecken der Zimmer seye die Luft
schädlicher, als in der Mitte.

Die Luft trägt auch das ihrige mit bey in
dem Ablauf der Krankheiten und ihrer Cur.

H 2   In

In einer verdorbenen Luft heilen keine Wunden, sondern sie gehen vielmehr in Fäulniß über. Hingegen die Luftsäure, ohngeachtet sie für sich erstickend ist, wird dennoch so von einer kranken Lunge ertragen, daß sie selbige sogar heilet. Allein man muß bey dieser Curart der Lunge vorsichtig zu Werke gehen, denn, indem sich das Geschwür reiniget, so wird die Lunge allmählig von der Luftsäure gereizet und angegriffen. Ueberdies muß man merken, daß die Luftsäure als eine Arzeney nicht gebraucht werden könne, woferne sie nicht zuvor durch das Wasser durchgelassen worden, und also durch dieses Waschen von aller fremden Säure befreyt worden. Es ist auch nicht gut, selbige allein zu gebrauchen, sondern mit gemeinem Wasser so vermischt, daß sie die Lunge nicht angreift.

Hieraus kann man also abnehmen, wie weit die Chymie bey der Erklärung der Natur der Luft gekommen. Allein dieses ist noch nicht das Ende ihrer Arbeit. Denn diese edle Kunst beschäftiget sich jetzo mit wichtigern Dingen, und ergründet die verborgenste Dinge, so feiner sind als die Luft selbst. Ehedem hielte man es für unmöglich und fast für verwegen, die Materie der Wärme und des Lichts zu theilen, und ihre Elemente zu unterscheiden; heut zu Tage aber hat man Hofnung zu dieser Erfindung. Es ist aus verschiedenen Gründen glaub=

glaublich, daß die Wärme aus reiner Luft, so mit Phlogiston innig verbunden entstehe, und wenn sich das Phlogiston vermehrt, so erzeuget sich das Licht, als die feinste unter allen Materien. Das Feuer scheinet alsdenn zu entstehen, wenn verbrennliche Körper einen plötzlichen Verlust an der reinen Luft erhalten, und dadurch von der Vereinigung des Phlogiston getrennt auf eine heftige Weise zerstöhret werden. Doch kann ich hier nicht umständlicher davon reden.

Nun muß ich noch erzählen, was die Chymie beygetragen, um die Natur der organischen Körper zu erklären. Der Bau derselben ist aber verwikelter, und bestehet aus mehreren verschiedenen Theilen, als jene unorganische Körper, von welchen ich eben gesprochen. Man theilt sie gewöhnlich in zwey Klassen, in Thiere und Pflanzen. Aus den Pflanzen erhält man durch das Feuer, Wasser, fixe Luft ꝛc eine Säure, und Alkali, so wegen seines Ursprungs Pflanzen-Alkali genennt wird. In einigen ist auch flüchtiges und mineral-Alkali. Man hat es aber der Chymie als einen Fehler ausgelegt, daß man die nemliche Elemente aus allen Pflanzen, sogar aus den verschiedensten erhielte. Ohngeachtet nun dieses einige Wahrscheinlichkeit hat, wenn man die ganze Erforschung der Pflanzen blos durch das Feuer und

H 3 Destil-

Deſtillation vornehme wollte, ſo iſt es darum
noch kein Beweis, daß dieſes nicht die Elemente der Pflanzen wären, welche auf dieſe Weiſe
hervorgebracht werden. Denn man gebraucht
bey der Unterſuchung der Pflanzen auſſer dem
Feuer auch andere Werkzeuge und Inſtrumen-
te, welche die wahre Elemente abſondern. Dergleichen ſind die eigene Salze der Pflanzen, die
man die weſentliche nennt, der Weinſtein, Zucker, Sauerkleeſalz ꝛc. ferner der Spiritus Re-
ctor, unter welchem Namen man die feine
Materie des Geruchs der Pflanzen, welche faſt
ölig, oder dunſtig und entzündbar iſt, begreift;
ferner die ätheriſche und fette Oele, Harze,
Stärk, die ſchleimige Materie, und noch hundert andere Dinge. Von allen dieſen kann ich
hier nicht insbeſondere handlen, ich werde daher nur einige davon berühren. Es ſind ſehr
viele und verſchiedene Säuren in den Pflanzen vorhanden, nur wenige aber von denſelben
ſind uns wohl bekannt. Daß das pflanzen-
und flüchtige Alkali durch das Verbrennen oder
Fäulniß aus dem Pflanzenreich erzeugt werde,
iſt zwar eine alte aber auch falſche Meynung;
denn man weiß es jetzo aus Verſuchen, daß
jene Salze in den Pflanzen, noch ehe ſie verbrannt werden oder faulen, befindlich ſind.
Es iſt bekannt, daß der Zucker, ehe er mit Kalch-
waſſer vermiſcht wird, in keine kryſtalliſche Geſtalt gebracht werden kann. Daher haben
viele

viele geglaubt, daß der Kalch in dem gekoch-
ten Zucker zurückbliebe, und ihm also auch
alle Würkung des Zuckers auf dem menschlichen Körper müsse zugeschrieben werden. Allein es ist ungegründet, daß man dem Kalch
dieses zuschreibt, denn man weiß aus der che-
mischen Analysis, daß auch nicht das allerge-
ringste von Kalch in dem wohlgesottenen Zucker zurückbleibe. Uebrigens ist aber in dem
Zucker eine besondere Säure zugegen, welche
man durch die Kunst absondern kann.

Neulich wurde ein Saft aus Südamerika
zu uns gebracht, der eine Gattung von dem
Baume Hevea des Aublet ist. Man nennt
ihn gewöhnlich elastisches Harz. Denn nichts
ist elastischer als dasselbe, und dabey so zähe und
biegsam, daß sich daraus die Wilde Flaschen,
Stiefel, Schuhe und dergleichen mehr verfertigen. Nichts schickt sich so gut für Schuhe
als diese Materie, weil sie bequem am Fuß
liegen, und die Feuchtigkeit beständig abhalten.
Könnte man den Baum, von welchem dieses
Harz tropft, in Europa pflanzen, und an unser Clima gewöhnen, so würden wir davon großen Nutzen ziehen. Denn ein dünnes Blätt-
gen dieses Safts übertrift die beste Wachslein-
wand, sowohl an Leichtigkeit des Gewichts, als
auch an Festigkeit und fast immerwährendem
Gebrauch. Wenn man daher eine solche Men-

H 4   ge

ge von demselben habhaft werden könnte, um
daraus Mäntel und Stiefel zu verfertigen,
so hätte man ein herrliches Mittel um ganze
Armeen wider Krankheiten zu schützen, die
von sumpfigen Gegenden und vielem Regen
entstehen. In Frankreich wurde neulich auf
Befehl des Königs das Kunststück gesucht und
gefunden, dieses elastische Harz, ohnbeschädigt
seiner Zähigkeit in andre Gestalten zu bringen. Dieses aber leistet der Vitriol-Aether,
und dadurch hat man schon für die Wund-
ärzte herrliche Sonden aus diesem elastischen
Harze gemacht. Nur ist dabey zu bedauern,
daß das Menstruum, worinn dieses Harz aufgelöset wird, zu theuer seye, und sich also zu
grossen Arbeiten nicht schike.

Noch muß ich dieses bey dem Pflanzenreich bemerken, daß man in demselben viele
Dinge, welche sonst dem Mineralreich eigen
sind, antreffe, nemlich Elementar-Erden, Mineral-Säuren und Mineral-Alkali.

Aus andern Materien bestehen die Thiere.
Hier findet man nur wenige aber sehr merkwürdige Säuren. Aus den Ameisen, die den
Aeckern und Gärten so schädlich sind, lehret die
Chymie einen sehr angenehm schmeckenden Es-
sig bereiten, und aus der Phosphor-Säure
durch Zumischung eines Phlogistons erhält man
eine

eine Art Schwefel, der nach dem Feuer so
begierig ist, daß man ihn im Wasser in ver-
schloffenen Gefäßen aufbewahren muß, damit
er sich nicht von selbst entzünde. In dem fin-
stern leuchtet er hell, und giebt dadurch den
Physikern Gelegenheit zu manchen artigen Ver-
suchen, und listigen Personen dienet er als ein
Mittel für Betrug und Gewinnsucht. Aus
Kalch und Phosphorsäure bestehen die härteste
Theile der Thiere, nemlich Knochen, Zähne,
Hörner, Klauen, und die Häute der Insecten.
Die Zuckersäure, von welcher ich oben gesprochen, hat man auch hin und wieder in Thier-
Körpern gefunden. In den Nieren und der
Blase erzeugen sich durch Krankheiten Steine,
welche die heftigste Schmerzen verursachen.
Man glaubte ehedem daß sie aus Kalcherde entstünden, ohne daß man dazu einen hinlängli-
chen Grund hatte, und nachdem man wahrgenommen, daß sie mit Säuren nicht aufbrausen, so hielte man sie für Gyps. Kaum ist
aber der hundertste Theil von ihnen Kalch.
Hingegen hat man durch eine genauere Prüfung wahrgenommen, daß diese Steine aus
Zuckersäure und Schleim bestehen, und man
kann also hoffen, daß man den Ursprung und
die Hülfsmittel wider diese Krankheit noch ausfindig machen werde, wenn man fernerhin flei-
sige und nicht übereilte Untersuchungen darüber anstellt.

H 5 Die

Die Thiere sind von Natur mit mancherley Fett versehen, nemlich mit Unschlitt, Fett,
Schmalz, Speck, Wachs und andern dergleichen Dingen. Das Fett und Unschlitt haben
vieles mit den fetten Oelen gemein. Hingegen das Fett der Wallfische und der Wallrath sind sehr von ihnen unterschieden. Aus
diesem Fett, welches man gewöhnlich Wallrath nennt, werden herrliche Lichter gemacht.
Neulich hat man die bisher geheime Kunst erfunden, aus dem Wallfisch-Fett Wallrath
auszukochen, und wenn dieses einmal bekann-
ter werden wird, so bringt dieses grossen Nutzen und Vortheile in dem Hauswesen hervor.
Endlich ist zwischen den vesten Theilen der Thiere ein dünnes Fett vorhanden; wenn solches
durch chemische Handgriffe abgesondert und gereinigt worden, so ist es einigermassen dem Ae-
ther ähnlich, und hat den Namen Thier-Oel.
Statt dem Schleim, welcher in den Pflanzen
befindlich, haben die Thiere einen Leim.

Das flüchtige Alkali ist so allgemein in dem
Thierreich verbreitet, daß man glauben muß
selbiges seye ihm eigen, und habe seinen Ursprung ihm zu verdanken. Die Thiere sind
aber auch nicht völlig von dem Mineral- und
Pflanzen-Alkali befreyt, obgleich die Menge
derselben sehr gering ist.

Um

Um aber nichts nüzliches aus der Acht zu lassen, so haben die Chymiker auch die Beschaffenheit der Milch, des Käses, der Butter, des Bluts, und anderer thierischen Säfte durch vielfältige Versuche untersucht. Allein ich übergehe vor jezo alle diese Dinge, zumal da noch sehr vieles vermißt wird, welches den Nuzen, den die Medicin davon zu erwarten, betrift.

Allein die bisher angeführte Erfindungen der Chymiker geben nur zunächst die Bestandtheile der Körper zu erkennen. Die Entferntere sind viel schwerer zu finden, und die erste Elemente sind fast unbekannt. Viele haben sich zwar bemühet ihre Anzahl und Natur zu bestimmen; da sie aber dabey mehr auf ihre Schlüße, denn auf Versuche gebaut, so ist es kein Wunder daß dadurch Gelegenheit zu Streit entstanden. Denn einige glauben, daß nur ein Principium der Dinge vorhanden seye, andere aber nehmen zwey, drey, vier und fünf Elemente der Dinge an. Ich würde aber eine vergebliche Sache thun, wenn ich alle diese verschiedene Meynungen einzeln durchgehen wollte, da das ungereimte der meisten, auch ohne meine Erinnerung von selbst in die Augen fällt. Doch scheinet es, daß diejenige der Wahrheit zunächst kommen, welche nur zwey Elemente annehmen, das eine irdisch und träge, das andere feurig und würksam, aus

deren

deren verschiedene und vielfache Zusammense-
zung die zweite Bestandtheile, und wiederum
aus der Vereiniguug dieser die natürliche Körper entstehen. Allein ich habe so kein großes
Vertrauen für blose Muthmaßungen, daß ich
dergleichen für ganz ungezweifelt annehmen
sollte. Denn es folgt keineswegs aus der chi-
mischen Analisis, daß das irrdische Principium
allezeit das nemliche seye, wenigstens läßt sich
dieses nicht behaupten, wenn man bey demjenigen, was in die Sinne fällt, stehen bleiben
wollte. Nichts gewißes läßt sich hiervon behaupten, auſſer was die Erfahrung lehret;
was aber für Sinne unerreichbar ist, davon
laßen sich nur Muthmaßungen angeben. Das
andere Element, welches man auch das würk-
same nennt, kann die Materie des Lichts nicht
seyn, denn selbige ist nicht einfach, sondern
bestehet aus unterschiedenen Theilen. Eher könnte man das Phlogiston, welches in dem Lichte
vorhanden, wegen seiner Simplicität ein Element nennen, da es überall das nemliche zu
seyn scheinet. Seine Natur aber ist so verborgen und fein, daß man sie nicht besonders
aufsammlen und untersuchen kann; man muß
sich daher bestreben, selbige von einem Körper
auf den andern zu bringen, ohngeachtet man
alsdenn auch noch nicht ganz sicher wider Irrthümer ist, weil es sich öfters ereignen kann,
daß

daß die gemischte Körper Kräfte besizen, die
ihre Prinzipien nicht haben.

Die Würkung und Ursache der chymischen
Operationen siehet man heut zu Tage deutlicher ein als ehedem, und daher kam es, daß
man heut zu Tage bessere Gefäße und Instrumente besizt. Und ohngeachtet man bis jezo
noch das Maas vermißt, um die Grade des
heftigsten Feuers dadurch zu bestimmen, so lassen sich doch leicht kleinere Grade der Wärme
angeben. Eine neue Erfindung ist es, die
Vermehrung des Gewichts, so man nicht selten
bey der Analysis und Vermischung der Körper
antrift, zu schäzen, und auf seine Ursachen
zurückzubringen.

Gemeiniglich bedienten sich die alte Chymiker
bey der Erforschung der Körper des Feuers,
und suchten alles auf dem trofnen Weeg auszurichten. Bey dieser Methode konnte es nicht
anders seyn, als daß durch die Gewalt des
Feuers die nächste Bestandtheile der Körper
bald getrennt wurden, bald sich in neue Gestalten bildeten, und so die Beobachter täusch-
ten. Heut zu Tage nehmen sich die Chymiker
mehr für Irrthümer in acht, und gebrauchen
zugleich verschiedene Menstruen, welche die
Kraft besizen, verschiedene Materien von ihrem
wechselseitigen Zusammenhang zu trennen.
Alles

Alles was die Chymie vornimmt, es sey entweder durch eine Trennung der Körper, oder
durch eine Vermischung, gründet sich auf die
elective Affinität, deren Art und Bedingniße
gegenwärtig mehr ins hellere gesezt werden.
Ehedem glaubte man, daß die Affinität am
meisten statt finde zwischen Körpern von der
nemlichen Art; allein die neuere Versuche zeigen,
daß sich die Sache ganz anders verhalte. Andere haben auf eine vergebliche Weise die Lehre
von der Affinität und Attraction bestritten;
denn ihre Beweise stoßen jene Lehre nicht um,
sondern sie dienen ihnen vielmehr zur Stärke
und Bevestigung. Dennoch aber sind dabey
einige so halsstarrig, daß sie lieber die aller-
deutlichste Sachen falsch auslegen, oder wohl
gar läugnen, als ihren Meinungen zu entsagen;
da es doch schicklicher wäre, Versuche und That-
sachen zu sammlen, um dadurch auf den Grund
der Dinge zu kommen; es ist zwar nicht ganz
unnüz zu Hypothesen seine Zuflucht zu nehmen,
doch muß man denselben nicht auf Kosten der
Wahrheit anhängen. Die Hauptsache ist,
dasjenige, was in der Natur vorgehet, mit
aller möglichen Sorgfalt und Fleiß zu beobachten, und sich hüten die Zeit durch üble oder
unnüze Versuche zu verschwenden, und Meinungen ohne Grund annehmen. Denn tief
eingewurzelte Meinungen verhindern solcherge-
stalt das Denken, daß man dasjenige siehet;

was

was man zu sehen wünscht; und weiter nichts:
dem Gemüthe wiederfährt alsdenn das nemliche,
wie dem Auge, das durch einen gefärbten Brille
nicht die wahre Farben der Dinge, sondern
die Farbe des Brills wahrnimmt.

Die Analasis der Körper wird durch die
Synthesis erwiesen und bestättigt. Ich sagte
aber im vorigen, daß man viele Körper, welche zu den unorganischen gehören, durch die
Kunst nachmachen könne. Allein ich zweifle
völlig, daß dieses auch bey den organischen
Körpern statt finde. Denn wenn man auch ihre
Elemente kennet, so ist dieses noch nicht hinreichend genug, da bey den organischen Körpern
das vornehmste ist ihr besonderer Bau, welchen die Kunst nicht nachahmen kann, und
die Natur, nur auf eine Weise hervorbringt.
Zwar war es eine Meinung der Alten, daß
durch eine ohngefähre und blinde Anhäufung
der Atomen, welches sie die zweideutige Erzeugung nannten, sich kleine Pflanzen und Thiere
bildeten; erwäget man aber die Beweise, womit sie diese Meinung unterstüzten, so wird
man selbige als blose Träume erblicken. Denn
es ist eine ausgemachte Sache, daß alle Thiere
von ihres Gleichen durch Eier oder Saamen
erzeugt werden, und die einfachste Thiere sowohl als die allerkünstlichste sind einem gemeinschaftlichen Erzeugungsgeseze unterworfen.

Die-

Dieses ist also ein kleiner Umriß von der
Zunahme, welche die Chymie von den ältesten
Zeiten bis auf die heutige erlangt hat. Und
wenn ich dieses umständlich auseinander sezen
wollte, so müßte ich davon ein ganzes Buch
vollschreiben. Der meiste Beitrag von neuen
Erfindungen geschahe aber in den nächst verflos-
senen zwanzig Jahren, sowohl durch die voll-
kommenere Ausarbeitung chemischer Instrumente, als auch durch die Erfindung von Hülfs-
mitteln, wodurch man die Structur und Mischung der Körper so erforschen kann, daß dadurch alle Hofnung und Meinung, die sich die
Alten über die Natur der Dinge gebildet, übertroffen zu seyn scheinet. Allein es sind noch
viele, ja unzählige Dinge übrig, die man nicht
kennt: denn die Natur gleichet einem großen
Buch, so in einer unbekannten Sprache mit
unbekannten Buchstaben geschrieben worden;
wir können darinn, durch Hülfe der Versuche und Beobachtungen, nur wenige Blätter
lesen, allein den ganzen Innhalt werden wir
davon schwerlich jemals verstehen lernen. Das
wenige, was wir davon verstehen, beweiset
deutlich, daß ein Gott seye, der alles weislich
regieret und anordnet, und so zum Nutzen
des menschlichen Geschlechts bestimmt, daß man
nichts für unnüz achten darf, da nichts in der
ganzen Natur befindlich ist, so dem Forscher
nicht hinlängliche Belohnung für seine Arbeit
dar-

darbieten sollte. Denn öfters bringen Dinge,
die anfangs wenig nuzbar schienen, durch eine
fernere Untersuchung und Vergleichung der
Ursachen mit andern Erfindungen einen herrlichen Nuzen hervor. Allein man darf auch
nicht hoffen, daß dergleichen Vortheile ohne Arbeit und Beschwerde erlangt werden können.
Denn je tiefer wir in das Labyrinth der Natur eintretten, je hartnäfiger wir in der Auflösung der Körper fortfahren, desto grössere
Schwierigkeiten kommen uns vor, und die
lezte Bestandtheile sind endlich so fein, daß sie
sich den Sinnen entziehen, und nicht ohne besondere Kunst und Apparat von Instrumenten
können erkannt werden. Zur Erfindung derselben aber ist großer Fleiß, Beständigkeit,
Gedult und Anstrengung der Seele nothwendig; zugleich auch schickliche Instrumente, Zeit
und Mäßigung, damit man keine voreilige
Schlüße mache. - Ohngeachtet nun dieses
schwere Hindernüße sind, so lassen sie sich doch
durch anhaltendes Bemühen überwinden, und
man hat nicht zu befürchten, heut zu Tage
wegen der Verdrüßlichkeit dieser Arbeit oder
aus Ueberdruß davon abgeschreckt zu werden.
Denn seitdem man eingesehen, was für Nuzen
die Chymie in der Medicin, Oekonomie, Kriegs-
wesen, Metallurgie, und fast in allen Künsten hervorgebracht, so ist es kaum anders mög-

lich, als daß diejenige, die ein gutes Genie
für die Naturhistorie besizen, fortfahren müssen, diese nüzliche und angenehme Kunst zu
grösserer Vollkommenheit zu bringen, und keiner Arbeit, Kosten, Zeit, ja selbst die Gesundheit dabey nicht schonen. Und dieses ist auch
die Methode, ohne welche man in den Künsten
nicht über das mittelmäßige hinauskommen kann.
Denn der Nuzen der Körper ist nichts, oder
doch wenigstens sehr klein und gering, woferne
man nicht ihre Natur und Structur genau
kennt. Behandelt man aber die Künste auf
eine unbedachtsame und unverständige Art, so
begehet man sehr schwere Fehler, von welchen
man, ohne Kenntniß der Ursache der Dinge
sich nicht los machen kann.

LXXI.

LXXI.
Mineralogiſche Beobachtungen.

§. 1.

Unter den Foßilien befinden ſich viele Körper, die unſere Vorfahren entweder gar nicht, oder doch nur unzulänglich und obenhin gekannt, durch den Fleiß der Neuern aber entweder erfunden, oder genauer und der Natur gemäß erforſcht. Dadurch wurde nun derjenige Theil der Naturhiſtorie, welcher von der Natur der Foßilien handelt, und der ohne genaue Kenntniß der Beſtandtheile dieſer Körper, mangelhaft und faſt nichts iſt, ſehr vermehrt und bereichert. Um nun zu dieſem Schaze von mineralogiſchen Beobachtungen auch die meinige beyzufügen, ſo habe ich einige neu erfundene Foßilien: die in den Syſtemen bisher entweder ausgelaſſen, oder an einem unſchicklichen Orte beſchrieben worden, durch die Kunſt unterſucht. Meine hierdurch erworbene Kenntniß will ich hier mittheilen, dabey aber die weitläufige Beſchreibung der Hülfsmittel, deren ich mir bedienet weglaſſen, weil ich von denſelben hin und wieder in meinen Werken umſtändlicher gehandelt.

J 2

§. 2.

§. 2.

In meinem Umriß über das Mineralreich
machte ich die Bemerkung, daß man die Schwererde bisher nirgends gefunden habe, ausser
unter der Gestalt von Schwerspath und Vitriolsäure vereiniget: Ich vermuthete aber, man
würde diese Erde einstens in einer Verbindung
der Luftsäure, oder Kalch und anderer Erden
antreffen. Und diese Vermuthung wurde
nachher durch eine Beobachtung bekräftiget.
Denn neulich fande der berühmte Engländer Wiethering zu Leadhill in Schottland
eine Schwererde so durch Luftsäure zu einem vesten Stein geworden. Der berühmte
Back schickte mir davon ein klienes Stück 6¼ Loth
schwer durch den berühmten Schwediauer,
womit ich die iezo zu erzählende Versuche angestellt. Es hat die Gestalt von einem sphärischen Segment, und bestehet aus Kryställen,
so aus einem gemeinschaftlichen Mittelpunct
divergiren und so zusammengewachsen sind,
daß sie nur in ihrer äussern Oberfläche ein wenig
von einander stehen. Eben diese Zusammen-
häuffung der Theile findet man auch in andern
Arten von Foßilien, besonders im Zeolith.
Die Figur der Kristalle ist fehlerhaft, weil
sie genau aneinander zusammenliegen, und
sich zusammendrüken. Doch stellen einige auf
der Spize vierseitige schiefwinklige Prismen vor.

Ei-

Einige sind weißlich und durchsichtig, andere
aschgrau und fast undurchsichtig.

In demjenigen Stüke, das ich vor mir habe, hat die Kalcherde das Uebergewicht, denn
in einem Centner fande ich von derselben 92,
und von der Schwererde nur acht Theile.

§. 3.

Zu Lorenz Gegentrum, welches ein Theil
des Freiberger Bergwercks ist, wurde vor ohngefähr zwanzig Jahren ein krystallischer Stein
ausgegraben, der eine sonderbare Structur
hatte. Die Sachsen nennen ihn Stangen-
spath. Ich habe von dem Oberaufseher des
Dresdner Kabinets, dem berühmten Herrn
Titius, ein schönes Stück von diesem Stein
erhalten, welches ein viertheil einer Elle lang,
fünf Zoll breit, und dritthalb hoch ist. Es bestehet aus Kristallen, die ihrer Länge nach gestreift
sind, und dicht auf einander sizen. Einige
dieser Kristallen sind drei Zoll lang und drei Linien breit; die Ordnung aber der Winkel ist
in ihnen nicht so bestimmt, sondern scheinen
gleichsam aus parallelen Strahlen zusammengesezt zu seyn, so wie ohngefähr das Luftsaure
Bley. Sie sind undurchsichtig und weis, wenn
man einige rostige Flecken ausnimmt, die vom
Quarz herrühren. Der berühmte Ronne De-
lisle hat diese Art Kristallen kürzlich beschrieben,

J 3   in

in der neusten Auflage seiner Kristallographie,
Th. 1. S. 160.

Die Meynung über die Natur dieses Steins
ist bey verschiedenen Schriftstellern verschieden, in
dem einige derselben ihn zum Schwerspath zählen.
Da nun diese unterschiedene Meynung nicht blos
durch die Betrachtung der äussern Gestalt beygelegt
werden kann, so suchte ich dieses durch die Chymie
zu bewerckstelligen, und bemerkte, daß diese
Krystalle aus Schwererde und Vitriolsäure zusammengesezt seyn. Ich halte aber dieses für
das rechte Verfahren bey der Untersuchung
dieser Steine. Zu einem Theil des Schwer-
spaths seze man 2½ Theile Pflanzen-Alkali,
welches rein und mit keiner Vitriolsäure verun-
reinigt ist. Jedes wird allein gerieben,
nachher vermischt und in ein weites Gefäß gethan und bey einem starken Feuer ge-
brannt, doch aber vorsichtig, damit die Materie nicht schmelze und das Gefäß angreiffe.
Nachher wird die Mischung vom Feuer genommen, und, wenn sie erkaltet, Wasser zugegos-
sen, damit es das alkalische Salz ausspühle,
welches sich während dem Glühen des Spaths
mit der Vitriolsäure vereiniget, und nun zu
einem vitriolisirten Weinstein geworden ist.
Was nach dem Auswaschen übrig bleibt, ist
luftsaure Schwererde, so in Salpetersäure auflösbar, und wie rautenförmige Krystalle gebildet

bet ift. Wenn man zu wenig alkalifches Salz
zugefeßt, fo bleibt vieler Schwerfpath unver-
ändert zurück. — Ich bediente mich alfo diefes Handgriffs, und erhielte aus hundert Theile
jenes fächfifchen Spaths ohngefähr neunzig
Theile einer Luftfäure und reinen Erde. Da
ich aber diefen Spath mit firem Alkali abrieb,
fo roch ich nichts von flüchtigem Alkali; da
aber doch Wiegleb diefes wahrgenommen, fo ift
es glaublich, daß es durch einen Zufall gefchehen.

§. 4.

Vor einigen Jahren hat mir der damalige
Leipziger Profeffor Leske, eine Stufe eines
ganz befondern Altenberger Erzes zum Gefchenk
gemacht. Es befteht aus einer zweifachen Art
von Steine, die eine ift undurchfichtig und
weis, die andere dunkel, gefärbt und glänzend.
Das Weiffe hat die Geftalt von Säulen, die
über den Stein in die Quer lauffen, und durch
rautenförmige Abfchnitte, die hin und wieder
auf der Spitze hervorragen, eine Gattung von
Kryftalle vorftellen. Allein die Geftalt zeigt
wohl daß es keine würkliche Kryftalle find;
denn der Durchmeffer diefer Säulen ift in einigen breiter, in einigen enger. Auf dem Bruch
find es glänzende Flächen, die nirgends eine
fpatige Textur zu erkennen geben. In der
Mitte fcheint ein prismatifcher Kern zu ftecken.

J 4 Der

Der weiße Stein füllt alle Zwischenräume des
schwarzen aus. Mit dem Stahl schlägt er
Feuer. Von einigen wurde er vor einen weissen Schoerl gehalten, allein durch meine Versuche fande ich, daß ein Centner desselben, 52.
Pfunde reinen Thon, 46. weißer Kießelerde,
und zwey Pfund Wasser enthalte, aber gar
keinen Kalch. Hingegen fehlet der Kalch niemals in dem Schoerl. Bey dieser Bewandt-
niß glaube ich also, daß jener weiße Stein eine Art Thon seye.

Der schuppige Theil des Erzes bestehet aus
Stücken von verschiedener Größe. Einige sind
drey bis vier Linien lang, andere aber so klein,
daß sie kaum sichtbar. Die Figur scheint rau-
tenförmig zu seyn, und die Oberfläche in einigen überzwerch gefalten oder runzelich. Die
meiste sind ohne Unterschied zusammengehäuft,
doch einige, wie bey der Caryophyllis des Cron-
stedt umgeben die weiße Massen nach Art der
Blumenblätter. Sehr kleine Schuppen sind
den weißen Theilen eingemischt. Die Farbe ist
dunkel, betrachtet man aber den Stein schief,
so hat er fast einen Silberglanz. Durch die
chemische Analysis erhielte ich aus einem Centner dieser Materie vierzig Pfund Kieselerde,
fünf reine Magnesie, sechs und vierzig Thon,
und neun rostigen Kalch von Magnesium.
Hieraus folgt aber, daß dieses eine Art Glim-
mer

mer seye. Es ist aber dabey doch wunderbar,
daß die weiße Materie, welche von dem Glim-
mer umgeben wird, gar kein Eisen und Ma-
nesium enthalte.

§. 5.

Da Cronsted wahrnahm, daß der Zeolith
von allen andern Steinen unterschieden seye,
so glaubte er, daß er eine eigene besondere Erde enthalte, und zählte sie zu den einfachen und
ursprünglichen. Allein, daß seine Meinung
falsch war, zeigten neuere Versuche, aus welchen man weiß, daß in dem Zeolith eine Kieselerde, Thon- und Kalcherde befindlich seye.
Zudem kannte Cronsted keine Art von Zeolith, der wegen seiner Härte mit dem Stahl
Feuer schlüge; gegenwärtig aber kennt man
zwey viel härtere Arten von diesem Steine, von
welchen ich gegenwärtig sprechen werde.

Von diesen neuen Arten des Zeoliths wurde eine von dem berühmten Gyllenhall bey Mös-
seberg in Westgothland gefunden. Dieser Stein
ist gleich dem Schmerstein mit Trappstein überzogen, füllt seine Spalten aus, und hat hin
und wieder die Gestalt von Knöpfen und kleinen Kugeln, die gestreift sind. An einigen
Stellen findet man die Gestalt sphärischer Seg-
mente; an andern aber nur dünne Streifen.
Der Bruch ist zuweilen gestreift, zuweilen gleich-

J 5 för-

förmig, die Farbe aſchgrau mit einer roſtigen untermiſcht, ohne allen Glanz. Mit dem Stahl ſchlägt dieſer Stein Funken, ſchmelzt aber doch, nach Art der Zeolithe, an dem Feuer des Löthrohrs. In dem Centner ſind 69 Pfund Kieſelerde, 20 Thon, 8 reinen Kalchs ohne Luftſäure, und drey Pfund Waſſer.

Die andere Art Zeolith hat eine ſchöne grüngelbe Farbe. Man fande ihn in der A-delforſer Grube, aber nur in geringer Menge. Von zwey Stücken ſo ich beſitze, iſt das eine Fauſtgroß, und der Geſtalt nach dem Quarz ſo ähnlich, daß ſich auch der Erfahrenſte dadurch betrügen kann. In dem andern erkennt man aus der runden knöpfigen Oberfläche die Na-tur des Zeoliths. Ein Centner deſſelben ent-hält 64 Pfund Kieſelerde, 18 Thon, 16 rei-nen Kalchs und 4 Pfund Waſſer.

Hieraus folgt nun 1) daß die Härte zur Beſtimmung der Arten und Geſchlechter der Foßilien nicht könne zu den weſentlichen Kenn-zeichen gezählt werden. 2) Daß die Härte nicht bloß von der Menge der Kieſelerde her-rühre; denn der rothe adelforſer Zeolith ſchlägt mit dem Stahl keine Funken, ohngeachtet er mehr Kieſelerde enthält denn die eben beſchrie-bene beyde Zeolith-Arten.

§. 6.

§. 6.

Von dem Zeolith wende ich mich jetzo zu
der Beschreibung eines andern Steins, der neulich in der Hälleftader Grube gefunden worden.
Denn als ich vor kurzem mich der Medwicher
Brunnencur bediente, so erhielte ich durch den
berühmten Troil ein kleines Stück dieses Steins,
und weil ich keine andere Instrumente damals
bey der Hand hatte, so untersuchte ich ihn
am Löthrohr. Bey dieser Untersuchung schiene er zum Zeolith zu gehören. Allein, da ich
wohl einsahe, daß diese Versuche noch nicht
die Sache entschieden, so wiederholte ich die
Prüfung bey meiner Rückkehr nach Upsal, und
lernte dabey, daß man bey diesen Versuchen
nicht zuviel dem Löthrohr trauen müsse. Denn
man siehet gar leicht die Möglichkeit ein, daß
außer dem Zeolith auch noch andere Materien
im Feuer mit Aufbrausen schmelzbar sind. Auch
giebt es Zeolithe die im glühen nicht aufbrausen, oder wohl gar nicht schmelzen. In einem
Centner dieses Steins waren 55 Pfunde Kiesel, 24 Kalch, 2 Pfund und 5 Loth Thon, 5
Magnesium, 3 Loth Eisenkalch, und 17 Pfunde Wasser und Luftsäure enthalten.

In dem Monat Jenner eben dieses Jahrs
schickte mir der berühmte Carl Rinmann ein
Stückgen dieses Steins, mit einer beygefügten
Beschreibung seiner Versuche, die beynahe in
allem

allem mit den meinigen übereinkamen. Weil
aber die Rinmännische Versuche neulich abgedruckt worden, so will ich mich weiter bey denselben nicht aufhalten. Damit man aber beurtheilen möge, ob dieser Stein zu den Zeoli-
then gehöre, so muß ich hier einiges wiederhoh-
len, was ich schon anderswo vorgetragen habe.
(S. 4. Th. Betrachtung über das System der
Foßilien §. 137.) 1) Die Gattungen der Foß-
silien müssen so eingetheilt und unterschieden
werden, daß man dabey auf die Natur, Anzahl
und Gewicht der Bestandtheile Rücksicht nimmt.
Um dieses deutlicher zu verstehen, merke man,
daß bißher nur fünf ursprüngliche Erden bekannt waren, nemlich die Schwererde, Kalch,
Magnesie, Thon und Kiesel. Dieses zeigen
die Anfangsbuchstaben p. c. m, a, s, an, und
ihre verschiedene Vereinigungen werden durch
die zusammengesezte Buchstaben so angedeutet,
daß allemal der erste Buchstab diejenige Erde
welche am Gewichte geringer ist als die vorhergehende, allein grösser als die folgende; und der
letzte die Erde, die am wenigsten wiegt, anzeigt Auf diese Art lassen sich alle Gattungen von Steine und Erze mit Buchstaben-
Formeln beschreiben. Der Zeolith bestehet
aus einer Vereinigung dreyer Erden, unter
welchen der Kiesel das meiste ausmacht, nachher der Thon und denn die Kalcherde folgt.
Diesen Stein könnte man also durch die Buchstaben

ſtaben ſac beſchreiben. Auf die Metalle nimmt man keine Rückſicht, weil ſie zu der Natur des Steins ſelbſt nicht gehören. Die Formel vor dem neuen Hälleſtäder Steine iſt ſcam; er iſt alſo ſowohl durch die Anzahl als Ordnung der Beſtandtheile von dem Zeolith unterſchieden.

2) Wenn man nach dieſer Richtſchnur die Gattungen beſtimmt hat, ſo laſſen ſich nachher die Geſchlechter leicht anordnen. Der erſte Buchſtab der Formel zeigt das Geſchlecht an. Da muß man die Ausnahme bemercken, welche ſ macht. Denn die Kieſelerde kann den Geſchlechts-Charakter nicht beſtimmen, woſerne in dem Centner nicht wenigſtens 75 Pfund vorhanden. Denn würde ich mich aber ſtatt des ſ, zur Bezeichnung des Geſchlecht, des S bedienen; wovon man den Grund in der oben angeführten Abhandlung §. 78 finden wird. Wenn alſo die Formeln von ſ anfangen, ſo zeigen die Buchſtaben, ſo der Reihe die nächſte ſind, das Geſchlecht an. So hat z. B. das Geſchlecht des Zeolith vom Buchſtab a, des Hälleſtader Stein von c ſeinen GeſchlechtsCharakter.

Eine Beſchreibung von dem Siebenbürger Stein, den man unter einer Kalch-Schichte gefunden, und dem Hälleſtader Stein ſehr ähnlich

lich ift hat der berühmte Fichtel in den Abhandlungen der Berliner Akademie Vol. III geliefert. Er heißt daselbst Stangenschörl oder
Säulenspat. Der berühmte Bindheim bekam
von diesem Steine durch die chymische
Analysis 61 Pf. 1. L. Kiesel, 21, 7. Kalch,
6, 6. Thon, 5 Magnesie, 1, 3 Eisenerde,
3, 3 Waffer. Er gehört also zur Formel
Scam. Uebrigens ist zur Unterscheidung der
Gattung keine bestimmte Anzahl eines gewissen
Bestandtheils nothwendig, z. B. 61. 1 oder
55; sondern es ist überhaupt hinreichend, die
Gattung von dem überwiegenden Bestandtheil
zu benennen; sonst würde man so viele Gattungen haben, als es Individuen giebt.

§. 7.

Als der berühmte jüngere Linne von seinen
Reisen zurück kam, so zeigte er mir eine Erde,
welche die Engländer Loam nennen, und be-
gehrte von mir selbige chymisch zu untersuchen.
Er erzählte mir dabey, daß die englische Gärt-
ner diese bey London ausgraben, und sich ihrer
zum Gartenbau bedienen, weil die Saamen
darinn gut aufgiengen, und die junge Bäume
viel weniger den Winterfrost in derselben emp-
fänden, als in einer andern Erde. Aeusser-
lich ist diese Erde schollig und trocken, und getrocknet gelb und aschgrau. Ob nun gleich bey
einer so staubigen und sandigen Erde die Anzahl
und

und Natur der Bestandtheile sehr verschieden ist, so will ich doch meine Untersuchung von dieser hier mittheilen. Ich erhielte nemlich aus einem Centner dieser Loam 87 Pfunde eines rothgrauen Sandes, und 13 Pfunde eines Thons der nur sehr wenig eisenschüßig war. Von Kalch fande ich keine Spur. Mischte man sie zu geschmolzenen glühenden Salpeter so entstunde ein kleiner Knall; und mit Wasser digerirt wurde diese Erde blaßgelb.

§. 8.

Eine andere Gattung Erde wurde neulich in der Grafschaft Derby gefunden, welche die Engländer Wad nennen. Besonders merkwürdig ist bey derselben, daß wenn man sie mit Leinöl abreibt; sie sich von selbst erhizet. Doch nimmt man kaum einen Brand wahr, wenn man bey dem Versuch weniger als ein Pfund von dieser Erde gebraucht. Durch die Güte des berühmten Kirwan besize ich ein kleines Stück dieser Erde, welche ich in der Absicht untersucht, damit ich wo möglich die Ursache des freiwilligen Brandes ergründen mögte, weil man auch neulich zu Petersburg wahrgenommen, daß auch eine Mischung aus Ruß mit Hanföl sich ebenfalls von selbst entzünde. In beyden Fällen muß man fette Oele gebrauchen, um das Feuer zu erregen; dieses aber ist etwas ganz sonderbares dabey, daß das

Oel

Oel in dem einen Exempel mit einer Materie,
die an Phlogiston einen Ueberfluß hat, in dem
andern aber mit einer Materie, die zwar nicht
von allem Phlogiston entblößt, aber doch nur
sehr wenig davon enthält, vermischt werde.
Die Erde Wad ist schwarz, und befleckt die
Finger wie Ruß; daher läßt sich leicht vermuthen, daß sie Magnesium enthalte. Und diese
Muthmaßung wird auch durch die Versuche bestättiget. Denn da ich auf einen Centner dieser Erde Salpetersäure, mit einem Zusaz von
Zucker, aufgoß, so erhielte ich durch die Dige-
stion eine dunkelgelbe Solution, welche durch zu-
gemischtes luftsaures fixes Alkali, ein von Anfang
rostiges und nachher weislich gelbes Sediment
hervorbrachte. Dieses Sediment wurde gewa-
schen, getrocknet und im Feuer kalzinirt wodurch es schwarz wurde, und einen eisenschüf-
sigen Magnesium Kalch darreichte. Von Anfang fiel vieles Eisen nieder, der lezte Theil des
Sediments war blaßer. — Als ich eine Portion von dieser Wad Erde zu geschmolzenem
glühenden Salpeter mischte, so nahm ich ein
gelindes Geräusch wahr, kaum aber beobachtete
ich Funcken. Die grüne Farbe des Salpeter-
Residuums zeigte eine rostige Magnesie an.
Diese Erde enthält ausser dem Magnesium in
dem Centner ohngefähr 12 Pfund Kieselerde,
die in Salpetersäure nicht auflösbar ist, und
Bleykalch und Schwererde, so aus der
Sal-

Salpetersäure durch vitriolische Salze niederge-
schlagen wird. Der Bleykalch erhält durch die
Flamme des Löthrohrs leicht seine metallische
Gestalt wieder. Derselbe macht mit der Schwererde sechs Pfund in dem Centner aus. Wenn
man die Waderde mit Salpetersäure digerirt,
und dabey keinen Zucker oder andere brennbare
Materie gebraucht, so löset sich ausser dem Bley
und Schwererde weiter nichts auf, und der
Liquor ist völlig ohne Farbe. Giesset man ihm
Wasser zu, so wird er sogleich blaßgelb, schlägt
nach und nach ein dunkelgelbes Pulver nieder,
welches aus Eisenerde und ein wenig Kiesel-
Pulver, das wegen seiner Feine mit durch das
Filtrum gegangen, bestehet.

Aus diesem kann man aber leicht abnehmen,
daß der Engländer Wad wenig von dem Braun-
stein der Glaser unterschieden seye; denn das
geringe Gewicht Bleykalch, welches in jener
Erde befindlich, tragt wenig zur Unterscheidung
beyder bey. Eben dieses gilt auch von dem
Kalch, wovon ich einen kleinen Theil im Magnesium, und nichts in der Wad-Erde gefunden. Damit man aber die freywillige Entzündung dieser Erde wahrnehmen möge, so
muß man nach Kirwans Vorschrift den Versuch
folgendergestalt anordnen. Man röste die Erde
eine Stunde lang bey einer Wärme von 140
Fahrenheitschen Graden, (oder 60 Grade nach)

dem Schwedischen Thermometer) und nach dem
rösten läßt man sie wieder kalt werden. Man
häuft ohngefähr ein Pfund von derselben auf,
und macht oben auf dem Haufen eine Grube,
in welche man zwey Unzen Leinöl gießet. Nöthig ist es nicht das Oel mit der Erde zu ver-
mischen. Die Erde wird sich hieraus in Schol-
len bilden, und nach Verlauf einiger Stunden,
bey einer mäßig warmen Luft, werden sich selbige von selbst entzünden. Da ich aber keine
hinlängliche Menge vom gemeinen Magnesium
hatte, so konnte ich keine weitere Versuche anstellen, die aber doch um so mehr zu wünschen
wären, weil die Erklärung der freiwilligen
Entzündungen dadurch um so deutlicher würde.

§. 9.

Zulezt muß ich hier noch von dem Schwerstein (Tungsten) reden, welchen der berühmte Cronsted unter den Eisen-Erzen beschrieben.
Seine Bestandtheile habe ich schon im vorigen
erklärt. (Abhand. von den metallischen Säuren. B. 3. S. 129.) Meine ehemalige Vermuthung, daß die saure gelbliche Erde, so sich
von diesem Steine absondert, von einem gewißen Metall herrühre, ist durch neuere Versuche bestättiget. Herr D'Ethuyar ein Spanier, der sich im Jahre 1782 sechs Monat
lang zu Upsal aufgehalten, hat bey seiner
Rückkunft in sein Vaterland eine so große
Men-

Menge vom Schwerstein gefunden, daß er
damit die gehörige Versuche anstellen konnte.
Er brachte also die aus dem Stein abgesonderte
saure Erde, mit Phlogiston vermischt, in ein
sehr heftiges Feuer, wodurch er endlich einen
metallischen Regulus erhielte. Dieses Metall
ist aber sehr von andern Metallen unterschieden.
Sein eigenes Gewicht ist ohngefähr 17, 6;
es schmelzet in dem Feuer schwerer als Magnesium; von Mineral-Säuren und Königswas-
ser wird es nicht aufgelöset, doch wird es von
der leztern und der Salpetersäure, wiewohl
ungern, angefressen und kalzinirt. Eben dies
Metall bildet mit etwas Magnesium und Eisen
ein Erz, welches man Wolfram nennt. Daher hat man eben diesem neuen Metalle den Namen Wolfram gegeben.

Der fleischfarbige Stein aus der Grube
Ritterhyttan, von welchem Cronsted behauptet daß er eine Art Schwerstein seye, gehöret
nicht hieher. Die chymische Analysis hat mich
wenigstens überzeugt, daß dieser Stein von
dem Schwerstein nicht wenig unterschieden seye.
Und da der berühmte D'Ethuyar den Ritter-
hytter Stein, zu Upsal, auf dem naßen Weege
untersuchte, so erhielte er aus dem Centner,
ausser dem Kalch, 24 Pfund Eisen und 22.
Kieselerde.

K 3

LXXII.

LXXII.

Von der Abwendung des Blitzes.

Da durch den ehrwürdigen Schluß dieser königlichen Akademie ich zum Mitglied derselben ernannt worden bin, so erfordert es meine Pflicht daß ich die Einnahme dieser Stelle mit einer Rede eröfne. Und indem ich mich auf den Innhalt dieser Rede besann, welche der Aufmerksamkeit so großer Männer würdig, und zugleich auch meinen geringen Kräften angemessen seyn sollte, so fiel mir keine bessere Materie bey, als diejenige Hülfsmittel kürzlich zu erzählen, welche die gelehrteste Männer in neuern Zeiten zur Abwendung des Blizes bekannt gemacht haben. Die traurigste Erfahrungen aller Zeiten haben gelehrt, daß unter allen himmlischen Lufterscheinungen, keines schrecklicher als der Bliz seye, und keins nähere Gefahren den Menschen drohe. Man siehet öfters als ein schreckenbringendes Schauspiel, wie in dem Frühjahr und Sommer der helle Himmel sich plözlich mit den allerschwärzesten Wolken überziehet. Auf der Erde ist es denn stockfinster, und diese Finsternüß wird nur zuweilen durch stürmende Blize a) und

Don-

Donner b) unterbrochen. Alles was lebt drohet die allerschleunigste Gefahr, und diese Furcht ist zuweilen gegründet. Denn oft werden innerhalb einer Stunde die vestesten Mauren und hohe Thürme der Erde gleich gemacht, c) und Kirchen und Häuser durch die Flammen verzehrt. d) Auch die Schiffe werden zuweilen von dem Bliz so getroffen, daß die Leute entweder in der Flamme oder dem Meer umkommen e) oder wenn auch die Schiffe selbst vom Bliz verschont bleiben, so bringt sie doch die Mangnetnadel, welcher der treuste Weegweißer zur See ist, in Unordnung, und verhindert ihre gewöhnliche Bewegung. f) Hohe Bäume werden vom Bliz theils aus der Wurzel gerissen, theils in unzählige Stüke gespalten. g) Thiere fallen durch einen plözlichen Schlag darnieder. h) Und endlich ist bekannt daß sogar Menschen unter den Umarmungen ihrer Freunde, entweder durch einen Bliz getödet, oder gelähmt worden seyn. i.)

Die Naturhistorie ist sehr reich an Künsten, und hilft den Nothwendigkeiten des menschlichen Lebens ab. Und wenn sie uns nur diese einzige Wohlthat erzeigte, Mittel an die Hand zu geben den Bliz abzuhalten, und uns für dergleichen große Gefahren zu schüzen, so würde gewiß keine Wissenschaft ausser derselben herrlicher, ja ich mögte wohl sagen, göttlicher

K 3   seyn.

seyn. k) Die Fabel vom Prometheus ist zwar bekannt, daß er das Feuer vom Himmel gestohlen, und dieserwegen schwer gestraft worden seye; man glaubt auch daß demjenigen kein besseres Schicksaal wiederfahren werde, der sich unterstünde die Gewalt des Blizes zu hemmen oder zu schwächen; l) wie lächerlich aber diese Weissagungen des gemeinen Hauffens sind, wird aus dem, was ich jezo vorbringen werde, erhellen.

Wenn jemand vor hundert Jahren behauptet hätte, daß durch die nemliche Kraft der mit der Hand geriebene Bernstein, Stroh und andere leichte Körper angezogen, und der Bliz erzeugt und auch vom Himmel herabgezogen werde, der würde nicht nur von dem Pöbel verlacht worden seyn, sondern auch sich den Unwillen und Verachtung der gelehrtesten Männer zugezogen haben. Man muß aber auch gestehen, daß diejenige, so damals dergleichen Behauptungen verlacht hätten, solches mit Recht würden gethan haben, weil man damals die Ursachen noch nicht entdekt hatte, wodurch man die Behauptung mit Gründen unterstüzen konnte. Allein es ist Pflicht eines klugen Mannes, nicht blosen Worten Glauben beyzumessen. Nun weiß man aber ganz genau durch Versuche, daß jene geringe Kraft des Bernsteins, und die bewundernswürdige Würkungen des Blizes von ein

und

und der nemlichen Urſache abhangen, und nur
durch Grade unter ſich verſchieden ſeyn. Daher geſchiehet es denn oft, daß wir zu ſtolz auf
unſere eigene Einſichten ſind, und Dinge für
unmöglich halten, die doch die nachmalige Erfahrung als möglich darſtellt.

Dufay zeigte zuerſt die Methode Funcken
durch die Electricität hervorzubringen; nach
hat Ludolph dieſe Kraft ſo vermehrt, daß er
dadurch verbrennliche Körper anzündete. Endlich wurde durch den Fleiß des Muſchenbroeck
die Methode bekannt, vermöge welcher man
die Electriſche Kraft in den Raum eines engen
Glaſes anhäuffen und verſtärken könne.

Nach dieſen Erfindungen geriethen viele auf
die Muthmaßung, daß der Bliz von der electriſchen Materie erzeugt werde; und Franklin
zeigte die Art, wie man jene Muthmaßung beweiſen könne. m) Denn da er durch ſeine
Verſuche gelernt hatte, daß metalliſche Spizen,
ſo einem electriſchen Conductor entgegen ſtehen,
ſelbigem die electriſche Materie heimlich entreiſ-
ſen, und zurückbehalten, wenn ſie durch ein
Geſtell von Glas, Pech oder Seide unter-
ſtüzt wären, ſo rieth er, daß man an einem
erhabenen Orte ſpize eiſerne Stangen mit einer gläſernen Baſis aufrichten ſollte; dieſe
würden denn, wenn ein Bliz ſich in einer

K 4

elec-

electrischen Materie erzeuge, einen Theil dieser Materie aus den in der Nähe vorüberziehenden Bliz führenden Wolken anziehen, und selbige durch Funcken und Erschütterungen offenbahren.

Großen Männern gereicht es würklich zur Zierde Fragen vorzulegen, die andere durch anhaltenden Fleiß auflösen. Newton muthmaßte, daß der Durchmesser der Erde, welcher, durch den Aequator gehet, grösser seye als die Axe zwischen beyden Polen; und die Wahrheit dieser Meinung mußte man erst durch viele Arbeit bestimmen, indem die berühmteste Mathematiker nach den Pol-Gegenden, und nach Süd-Amerika geschickt wurden, um die Ausmessungen anzustellen; und eben so wurde auch die Muthmaßung des Franklin in Amerika, von den Europäern untersucht und als wahr befunden.

Die erste, welche die vorgelegte Frage zu untersuchen sich bemüheten, waren die Herrn Dalibard und Delor. Jener ließ in dem königlichen Pallaste zu Marly la Ville eine vierzig Schuh hohe eiserne Stange aufrichten, die auf Glas ruhet; und der andere wurde nach Paris gefordert, um die nemliche Zurüstung daselbst zu veranstalten. Am zehnten May in dem Jahre, 1752 zog eine Gewitterwolke an

dem

dem Schloß Marly la Ville vorüber. Dalibard war damals in der Stadt nicht zugegen, hatte aber das Beobachtungs-Geschäfte einem seiner Freunde übertragen. Und der Erfolg stimmte mit der Muthmaßung überein. Denn man hatte ganz deutliche Spuren, daß die eiserne Stange von den Wolken electrisch geworden. Einige Zeit nachher hatte Delor das nemliche zu Paris erfahren. Seit dieser Zeit wurde die elektrische Kraft des Blizes an mehreren Orten untersucht und als wahr befunden, und ich selbst könnte, wenn anders mein Zeugnüß hierzu nothwendig wäre, mich auf meine Versuche berufen. Franklin, Romas und Lining nahmen statt der eisernen Stangen einen Eisen-Draht und einen papiernen fliegenden Drachen, lezterer ist um so besser als die Stangen, weil er zu den Wolken näher aufsteigt, und ihnen auch nachfliehet. n)

Wenn nun die elektrische Materie auf gemeldete Weise gesammlet und zu elektrischen Versuchen gebraucht werden kann, so ist kein Zweiffel übrig daß der Bliz eine Art elektrischer Materie sey. Dadurch ist aber noch nicht die Meynung des Franklin erwiesen, daß man die Gewalt des Blizes durch die Kunst so schwächen und gleichsam entkräften könne, daß alle Gefahr dadurch völlig abgewendet werde Daher ist es sehr nothwendig, mit Fleiß und ohne

alle

alle Partheiſucht die gegenſeitige Gründe abzu⸗
wägen, und kein übereiltes Urtheil zu fällen.

Unter den Gegnern der Franklinſchen
Meinung ſtehet Nollet oben an, ein ſehr ſcharf⸗
ſinniger Mann, und in der Electricität ſehr
erfahren. „ Ich ſehe, ſagt er, nicht ein, wie
es möglich wäre, daß die Gewitterwolken, ſo
in einem großen Luftraum ausgebreitet ſind,
und über ſehr große Erdreiche hangen, durch
das Anziehen einer eiſernen Stange, innerhalb
einer ſehr kurzen Zeit ihrer electriſchen Materie
könnten beraubt werden. Denn wenn jemand
eine Ueberſchwemmung dadurch verhindern
wollte, indem er an das Ufer Röhren an⸗
brächte, um das austrettende Waſſer abzulei⸗
ten, ſo würde man ſein Unternehmen für un⸗
möglich achten. Und auſſerdem, wenn die
metalliſche Spizen ſo viel vermögten um die
Blizmaterie abzuleiten, ſo ſehe ich den Grund
nicht ein, warum der Bliz die Thürne und
Kirchen nicht verſchonte. Denn gewöhnlich
ſind auf ihren Spizen metalliſche Kreuze beve⸗
ſtiget, deren Aerme entweder ſpiz zugehen,
oder wenn ſie auch Kugeln haben, doch in
Vergleichung mit der Höhe der Wolken, ſpi⸗
ziger ſind, als die Nadel mit jenen eiſernen
Stangen verglichen. Warum ſollen aber die
Spizen beſſer ſeyn, als ſtumpfe oder runde
Körper? man ſiehet ja bey elektriſchen Verſu⸗
chen

chen, daß diese Kraft eben sowol in runde, wenn
sie dem Conductor nahe sind, als in spizige
übergehe. Und Monniere beobachtete, daß
bey einem Donnerwetter stumpfe und spize
Körper, auch Metalle und andere Materien,
unter welcher Laage sie auch unter dem Horizont befindlich sind, elektrisch werden. " o) —

Diese kurze Erklärung von den Beweisen
des Nollet, begreift fast alle Zweifel in sich,
womit die Meinung des Franklin bestritten
werden kann. Nunmehr aber will ich auch
die Widerlegung davon berühren.

Wenn man den Umfang der Gewitterwolken, und die in denselben befindliche Menge elektrischer Materie berechnen will, so muß
man besonders Rüksicht auf ihre Würkungen
nehmen, und diese sind der Bliz, Donner
und der Blizstrahl. Doch ist aber das Urtheil
unsicher, wenn es sich blos auf diese Stüke
gründet: denn man siehet täglich, daß nicht
allemal denn der größte Schaden entstehe,
wenn viel von der elektrischen Materie zugegen.
Wenn man die Minen um eine Stadt mit zuvielem Pulver anfüllte, so würde bey der Entzündung des Pulvers die drüberliegende Erde
vielweniger, als man gewünscht, gesprengt
werden. Auch die Kanonen, wenn sie mit
zuvielem Pulver geladen, schießen die Kugeln
nicht

nicht so weit, als wenn sie mit weniger Pulver geladen.   Denn zu einem jeden grossen
Werke wird eine gewisse bestimmte Ursache erfordert, und wenn diese zu groß, so wird sogleich die Kraft und Würkung derselben ein-
gehalten und verringert.   Es giebt aber verschiedene Dinge, welche den Bliz und Donner
vermehren können, wenn sich auch die elektrische Materie nicht vermehret.   Denn ich erinnere mich nicht jemals stärkere Blize gesehen zu
haben, als im vergangenen Jahre, im Monat
August (1763.) Abends bey einem Donnerwetter.   Der Himmel war mit kleinen Wolken, die hin und wieder zerstreut waren, bedeckt; die Gewitterwolken ragten kaum über
dem Horizont hervor; so oft es aber blizte,
so waren alle Wolken am ganzen Himmel glänzend erleuchtet, und alles schiene weit und
breit zu brennen.   Auf den Aeckern sahe man
flüchtige Schatten dahin lauffen, wodurch aber-
gläubige Leute sehr erschreckt waren.   Im übrigen aber hörte man wenig donnern.   In der
Folge erhielte ich Nachricht aus denen Orten,
in welchen das Ungewitter vorhanden gewesen,
und diese zeigten, daß weder die Felder noch
Menschen irgend durch den Bliz beschädigt worden.   Wenn ich aber nach meinem Standorte
die Gewalt des Gewitters hätte beurtheilen wollen, so hätte ich eine allgemeine Noth und den
Tod vieler Menschen prophezeihen müssen.

Auch

Auch von dem Donner darf man sich keine
falsche Begriffe bilden.   Denn in großen Wäldern ist der Knall auch von mittelmäßigen Ge-
wittern bisweilen so stark, daß man glauben
sollte, alle Bäume müßten sich mit der Wurzel ausreissen: und in bergigten Gegenden ist
der Wiederhall des Donners so groß und viel-
fach, daß man fast glaubet den Knall und Fall
zerbrochener Steine zu hören.   Eben so knallt
auch an einigen Orten eine kleine Kanone weit
stärker, als sonsten eine große zu thun pfleget.
Und hieraus läßt sich also der Schluß machen,
daß die Gefahr, welche ein Gewitter mit sich
bringt, nicht nach der Stärke des Blizes oder
der Heftigkeit des Donners zu schäzen seye.

Wenn man aber auf die Würkung des
Blizes acht hat, so siehet man daß dadurch verbrennliche Körper verbrannt, Metalle und
Glas geschmolzen, Bäume gespalten, Mauren
umgeworfen, und Thiere getödet oder stark
verlezt werden.   Würklich ist hierzu eine grosse Gewalt nothwendig; und wenn man die
Würkungen der Natur mit denjenigen der
Kunst vergleicht, so wird man bald gewahr
werden, daß die künstliche Elektricität von der
Würkung des Blizes nicht sehr unterschieden
seye. Denn durch die Electricität kann man verschiedene Körper anzünden, Wasser und Quecksilber plözlich in Dünste verwandlen, viele
Bäu-

Bündel Papier, die kaum eine Flinten-Kugel durchbohren könnte, mit einem Schlag durchlöchern, Metalle schmelzen und in Glas verwandlen, Thiere tödten, und noch viele andere Dinge hervorbringen. Sehr wahrscheinlich ist es, daß wenn man die künstliche elektrische Kraft acht bis zehenmal vermehrte, so würde sie dem Bliz vollkommen ähnlich seyn, p).

Noch muß ich die Bemerkungen machen daß die Luft vieles beytrage die Kraft des Blizes zu vermehren, welches ich selbst an mir auf eine merckwürdige Weise wahrgenommen. Denn da ich bey einem Gewitter dem Fenster hinausschaute, um jenes zu beobachten, so ereignete es sich, daß über dem Haus, in welchem ich mich befande, zwey Gewitter-Wolken gegeneinander über stunden, und plözlich einen starken Bliz mit einem heftigen Schlag hervorbrachten, und in dem nemlichen Augenblicke spührte ich eine gewaltige Erschütterung an meinem Haupte und den obern Gliedern, hieraus läßt sich aber leicht einsehen, daß die Luft mit einer großen Gewalt zusammengedruckt worden. Und dieses ist auch von den elektrischen Versuchen bekannt, denn durch große und öftere elektrische Schläge wird die Luft sehr verändert. q)

Es ist eine bekannte Sache daß durch eine
plözliche Ausdehnung der Luft die stärkste Mauren niedergerissen und die Dächer von den
Häusern abgeworfen werden können. Noch
stärker aber ist der Dunst, so aus einem engen
Orte hervorbricht. Und wenn der Bliz auf
die Erde fällt, so trift er flüssige Materien an,
die sich bald in Dünste auflösen, und mit einer unglaublichen Gewalt nach allen Seiten
hinstürzen, und alles umkehren. Dieses darf
man aber nicht allein der Bliz-Materie zuschreiben, sondern auch der Luft und den Dünsten, die von dem Bliz sehr heftig ausgedehnt
worden.

Aus diesem ist nun zu ersehen, daß die
Meinung derjenigen nicht falsch seye, welche
glauben, daß man die Materie des Blizes den
Wolken entziehen könne. Wenn man aber
die Gewalt der künstlichen Elektricität erwäget,
und sich erinnert, daß selbige nicht viel schwächer
seye als die atmosphärische Elektricität, so
könnte man vielleicht zweiflen, ob die Mittel,
welche man zur Abwendung des Blizes anwendet, auch würklich dazu hinreichend sind. Ich
werde daher noch untersuchen, was für Vortheile man sich von dieser neuen Erfindung zu
versprechen habe, und welche sie würklich
leistet.

F 5

Es giebt kein Körper, welcher die Elektrische Materie nicht sollte von einem Orte nach
dem andern führen; allein die Fähigkeit und
Neigung hiezu ist in verschiedenen Körpern verschieden. Denn einige Körper lassen die elektrische Materie so schwer durch, daß sie innerhalb einer halben Stunde sich kaum über einige
Ellen fortpflanzet. Hierher gehöret das Glas,
Schwefel, Harz, Lack, Seide und andere
Körper, die man nicht verbreitende, (non
conductores) nennt. Andere Körper aber
durchdringt die elektrische Materie mit einer
wunderbaren Geschwindigkeit, z. B. die Metalle, Wasser, die Körper der Thiere u d.
und diese heisen verbreitende (conductores.)
Der Durchgang der elektrischen Materie ist bey
diesen leztern so geschwinde, daß man dessen
Gränzen davon nicht bestimmen kann. Denn
da man bey einem Versuche einen elektrischen
Funken auf einen Eisendraht, welcher 900
schwedische Klafter lang war, herabließ, so
schien er in dem nemlichen Augenblick, in welchem er auf den Faden herabgelassen wurde,
an dessen andern Ende wiederum herauszugehen;
und man konnte schlechterdings nicht die Zeit bestimmen, welche zwischen dem Eingang und
Ausgang der elektrischen Materie durch den
Drath verflossen war. Doch findet man aber
auch nichts, das die elektrische Materie geschwinder durchläßt, als die Metalle. In einer Ab-
hand-

Abhandlung an die königliche Societät zu Upsal zeigte ich durch Versuche, daß ein Cylinder
mit Waſſer drei Linien dick nicht alle elektriſche
Materie der Leydner Flaſche wegnehmen könne,
die aber doch ein ſehr dünnes Goldblätgen, drei
Linien lang, völlig ausgeleeret hat.

Wenn man nun überlegt, daß würcklich
der Ueberfluß der Blizmaterie nicht ſo groß
ſeye, als man gemeiniglich glaubt, daß die
Spizen einen großen Theil davon ſchon in
Ferne aus den Wolken wegnehmen und ihre
ſchädliche Kraft, noch ehe ſie über den Spizen
ſtehen, nicht wenig ſchwächen, und daß endlich die Metalle durch ihre unendliche Kraft die
Elektricität abzuleiten, alle andere Körper übertreffe: ſo wird man leicht einſehen, daß dieſe
Beobachtungen Hülfsmittel an Hand geben,
wodurch die Gefahr des Blizes abgewendet werden könne. Dieſe Hülfsmittel ſind ſo ſicher
und getreu, daß wenn man die Ufer der Flüſſe
mit Röhren verſehen könnte, welche das über-
flüßige Waſſer eben ſo geſchwind, als die metalliſche Spizen die Elektricität verſchlingen und
ableiten, ſo würde man keine Urſache mehr finden, eine Ueberſchwemmung zu befürchten.
Um aber den Anſchein zu vermeiden, als ob
ich bloſen, obgleich wahrſcheinlichen Schlüßen
zuviel zutraute, ſo will ich nunmehr ſuchen, ob
ich etwa aus der gemeinen Erfahrung ſelbſt Be-

weise anstellen könnte, welche darthun, wie
man den Bliz ohne Gefahr ableiten könne.

Man lieſt bey den alten Schriftſtellern,
daß zuweilen in den römiſchen Lägern die Spieſ
ſe ihrer Soldaten in der Nacht geleuchtet haben.
r) Es iſt auch nichts ſeltenes, daß auf den höch-
ſten Maſtbäumen der Schiffe s) und den Kirchthürmen t) bey einem Gewitter helle Flammen
leuchten. Man kann aber nicht bezweiflen,
daß dieſes Feuer von der Elektricität der Luft
entſtehe, und demjenigen ähnlich ſeye, welches man durch die Kunſt aus den Elektriſir-
Maſchinen hervorbringt: zumal wenn man
die Abhandlung des Forbin über das Geſtirn
der Helena oder über den Kaſtor und Pollux, wie
ſolches die Alten nannten, geleſen. Wenn man
dergleichen Feuer ſiehet, ſo zeigen ſie an, daß
ein Gewitter bevorſtehe, und wenn dieſes nicht
erfolgt, ſo iſt es ein Beweis, daß die Stärke
des Blizes gebrochen ſeye.

Zu Plauzat, einer Stadt in Auvergne, iſt
bey einem Gewitter die höchſte Thurn-Spize,
welche von Metall, und eine Lilie vorſtellt,
wie feurig; hieraus nehmen die dortige Einwohner ab, daß ſie keine Gefahr zu befürchten
haben. u)

Man weiß aus Verſuchen, daß ein meſſin-
gener Faden, oder ein dünnes Gold-Blätgen,

X ei

eine große Menge elektrischer Materie aus jedem
damit angefüllten Körper losreissen könne.
Und ohngeachtet selbige zuweilen durch die
Stärke der Elektricität geschmolzen werden, so
leiten sie dem, ohngeachtet diese Kraft zugleich
ab und verringern sie. Wenn man ferner
den Ort betrachtet, welchen ein Bliz getroffen,
so wird man leicht finden, daß selbiger, soviel
immer möglich, durch die Metalle fortgehe, x)
und wenn er auf eiserne Stange oder wenigstens
auf eine feuchte Wand niederfällt, alle schädliche
Kraft verliehre. y) Im vorigen aber machte
ich schon die Bemerkung, daß das Wasser, in
Rücksicht der Eigenschaft die Elektricität wegzuführen von den Metallen weit übertroffen werde. Wenn also die bloße Feuchtigkeit im Stande ist den Bliz abzuwenden, wie groß wird
nicht diejenige Sicherheit seyn, die von einer
großen Menge Metalls zu erwarten stehet?

Zu Philadelphia in Nordamerika entstehen
öftere Gewitter, und es ist nichts seltenes,
daß die Einwohner schweren Schaden dadurch
erleiden. Dieses zu verhüten, hatte ein Theil
der Einwohner ihre Häuser mit Ableiter versehen, und dadurch vielen Streit und Unei-
nigkeit veranlaßt, indem man ihnen ihre ver-
wegene Gottlosigkeit vorwarf, und die göttliche Rache der ganzen Stadt prophezeite. Allein der Erfolg war ganz anders, und man

fan-

fande die Ableiter als eine sehr nützliche Sache.
Durch die Ueberredung des Kinnersley wurden
die Ableiter endlich so allgemein, daß heut zu
Tage kaum die Hälfte der Häuser in dieser
Stadt ohne Ableiter zu finden ist. Von dieser
Zeit an hörte man zu Philadelphia nicht mehr
von Schaden, welche die Gewitter angerich-
tet, und man findet auch daselbst keinen Bürger, dem die Vortheile dieser neuen Erfindung
unbekannt wären, oder sie bezweiffelte. z)

Man macht zwar die Einwendung, daß
die Kirchen und Schlößer dennoch von dem
Bliz nicht verschont blieben, ohngeachtet auf
denselben gewöhnlich spize metallene Stangen
oben auf dem Gipfel befindlich seyn. Die Ursache aber hievon ist der Mangel an Materie
welche den Bliz verschlingt. Wenn ein Dach
mit vielem Metall beladen auf den Mauren eines Hauses liegt, so kann die vom Metall angehäufte elektrische Materie sich nicht zertheilen
und verliehren, indem die trockne Mauer dem
Fortgang jener Materie verhindert. Wenn
sich daher die elektrische Materie nach und nach
anhäuft, so geschiehet es oft, daß Funken auf
metallische Körper, und andere die eine ableitende Kraft besizen, wenn sie in der Nähe
befindlich, fallen, und brennbare Materien,
welche ihnen entgegen stehen, anzünden. aa)
Wenn aber dieser andere ableitende Körper
eben=

ebenfalls von der Berührung anderer ableitenden Körper entfernt, und gleichsam wie in einer Insul befindlich ist, so häuft sich das elektrische Feuer von neuem an und trift auf einem
dritten Ort, u. s. w. Daher kommt es, daß
oft durch einen Blizstrahl das Feuer an mehreren Orten sich entzündet. Das traurige
Schicksal des Richmann will ich hier weiter
nicht berühren, bb) nur so viel aber seze ich
ich hier noch bey, daß sein Beyspiel auf eine sehr
deutliche Weise die Gefahr des Blizes ohne Ableiter bestättiget? cc)

Von dieser Art erlebte ich vor einigen Jahren ein merkwürdiges Beyspiel. Zu Mariens-
stadt ist ein Tempel der sehr hoch gedeckt, einen
Thurn hat, der ganz neu mit Eisen gedeckt.
Ausserdem ist noch der Thurn mit fünf eisernen
Stangen gezieret, die sich mit Sterne endigen. Alles dieses ließ eine Entzündung befürchten, wenn Gewitterwolken vorüber zögen,
zumal da keine metallische Materie vorhanden,
welche das Dach des Thurns mit jenem großen
Dache der Kirche vereinigte. Ich ermahnte
daher im Jahre 1762 die Vorsteher der Kirche, daß sie sichere Maasregeln zur Abwendung dieses Unglüks nehmen sollten. Allein
diese achteten meine Worte wenig, und glaubten besonders deswegen keiner Gefahr ausgesetzt
zu seyn, weil die neue Structur des Thurms

L 3 und

und des Dachs niedriger als die alte ſehe. Kaum
aber waren vier Tage verfloſſen, als ein Bliz den
Thurn traf, und den Weg nahm, den ich vor-
hergeſagt, indem er an der Wand, die damals
gemauert wurde, niederſtieg, ſelbige verließ und
neben der Wand gegen Mitternacht in die Erde
fuhr. Wäre der Kalch in der heugemauerten
Wand trocken geweſen, ſo hätte der Bliz nichts
gefunden, wodurch er nach dem Dach der Kirche
geleitet worden, denn aber wäre auch nichts im
Stande geweſen, den Brand vom Thurne abzuhalten. Man ſiehet aber hier daß die mitternächtliche Wand blos durch ihre Feuchtigkeit den
Bliz von dem Dache abgeſhalten habe. y)

Nach Dalibard, welcher der erſte war, der
die Elektricität des Blizes erwieſen, hat Mon-
nier in der Stadt Saint Germain in Laye verſchiedene Verſuche angeſtellt. Er nahm hierzu
verſchiedene metalliſche Körper und andere ſpize
und ſtumpfe, und ſezte ſie an verſchiedenen Orten und in einer verſchiedenen Laage gegen den
Horizont ſo, daß ſie von der Berührung anderer, die Elektricität ableitender Körper völlig
entfernt waren. Alle dieſe Körper wurden ſogleich elektriſch, ſobald eine Gewitterwolke ſich
ihnen näherte. Dieſes beweiſet alſo, daß ſowohl die ſtumpfe als ſpize metalliſche Körper
zur Abwendung des Blizes behülflich ſind. Die
Verſuche lehren auch, daß ein ſtumpfer Körper,
oder der doch wenigſtens keine deutliche Spize
hat,

hat, sobald er in die Atmosphäre eines andern elektrischen Körpers kommt, eine diesem entgegenstehende Kraft erlange; aber die Elektricität dieses benachbarten Körpers weder vermehre noch vermindere. Daher kommt es, daß ein Körper, wenn er in eine negative Atmosphäre gebracht worden, eine positive, und in einer positiven Atmosphäre eine negative Elektricität erlange. Hingegen eine metallische Spitze, die frei, gleichsam wie in einer Insul liegt, welche einem positiv elektrischen Conductor entgegen gesezt wird, so erlangt sie ebenfalls eine positive Elektricität, welche sie dem Conductor weg nimmt; soviel dieser von seiner Electricität verlieret, so viel erhält davon die Stange. Hieraus kann man leicht den Grund von den Versuchen des Monier einsehen. Alle Körper mit welchen er Versuche anstellte, wurden elektrisirt, aber nicht auf die nemliche Weise, indem nur die Spize die Elektricität aus der nahen Wolke in sich zogen. Also sind die Spize metallische Körper geschickt, die Materie des Blizes zu vermindern. Zuweilen trägt es sich auch zu, aber doch nur selten, daß eine Gewitterwolke sich in die niedere Gegend der Atmosphäre senke, wodurch alle entgegenstehende Körper elektrisch werden. dd)

Die von mir bisher angeführte Beyspiele und Beweise haben nicht allein die Zweifel, wel-

£ 4   che

die Nollet dem Franklin entgegen gesezt hat,
sondern bestättigen auch den wahren Nuzen
der Franklinschen Erfindung. Der Bliz war
nicht nur zu jeder Zeit für die Menschen etwas
schröckbares, ee) sondern machte auch den Physikern, die seine Natur untersuchen wollten,
sehr viel zu schaffen. ff) Es ist würklich etwas
schönes und würdiges für den Menschen, die
Natur zu untersuchen, allein kann man die
Wahrheit sogleich durch die erste Arbeit erlangen?
denn selbige ist gleichsam mit vieler Finsternüß
und Irrthümer bedeckt und umschanzt, und
kann nicht ohne große Anstrengung der Seele
an Tag gebracht werden. Endlich aber gelangen wir durch die Uebung der Seele so weit,
daß wir dasjenige, was in die Augen fällt,
von feinern und mehr verborgenen Dingen unterscheiden, ohngeachtet wir kaum jemals deutlich die innere Natur der Dinge einsehen, sondern genöthigt sind, in dem engen Umfang einer unvollständigen Wissenschaft stehen zu bleiben. Dieses beweiset selbst das Beyspiel vom
Bliz, über dessen Natur man zwar seit einigen
Jahren bessere Begriffe als ehedem erlangt,
aber die Sache ist damit doch noch nicht ganz
erschöpft. gg)

Hieraus erkennt man also deutlich, daß
der Bliz abgewendet werden könne, nun muß
ich noch die Art und Weise erklären, wie dieses ge-

geschiehet. Zuvor muß ich aber einen Zweiffel berühren, den man in Philadelphia gemacht hat, und der auch hier einigemahl vorgelegt worden. Es giebt nemlich einige Personen, die zwar zugeben, daß man den Bliz ableiten könne, aber solches nicht für erlaubt halten; indem sie glauben, daß die Physiker, welche dergleichen Dinge unternehmen, eben so als diejenige Aerzte, welche die Blatter-Einimpfung anriethen, sich den Absichten Gottes widersezten, gleich den Riesen, die den Himmel nach der alten Fabel bestürmen wollten. Allein hierauf läßt sich gar leicht antworten. Die Menschen glauben gewöhnlich wegen ihrem bösen Gewissen, daß wenn ihnen eine Gefahr drohet, selbige als eine Strafe ihrer Vergehungen anzusehen seye. Wenn aber der weise Schöpfer der Natur sich des Blizes als eines Instruments der Rache bedienen wollte, so würde er solchen zur Strafe der lasterhaftesten Menschen bestimmt haben; da selbige doch nach der täglichen Erfahrung sehr oft von dem Bliz verschont bleiben, und andere im Gegentheil, die fromm und rechtschaffen leben, nicht selten von dem Bliz getroffen werden. Ich bin aber der Meinung, daß die Naturwissenschaft alsdenn erst recht und nüzlich angewendet werde, und zur Leitung und Verbesserung der menschlichen Handlungen diene, wenn man in derselben, gleichsam als in einem Spiegel seine eigene

L 5　　　　　　　Schwach-

Schwachheit und die große Macht des Schö=
pfers betrachtet. Ich erinnere mich hie, daß
derjenige als ein Gottloser gestraft worden, der
wegen eines Erdbebens, oder Sturms, oder
irgend eines andern Unglücks geflohen seye.
Wenn man aber dieses ohne straffällig zu seyn
thun darf, warum sollte es nicht erlaubt seyn,
die Gefahr des Blizes zu verhüten?

Es ist aber etwas unmögliches deutlich und
bestimmt anzugeben, was man an einem jeden
Ort und Zeit thun müsse, den Bliz abzuhal=
ten. Ich wünschte nicht, daß dieses jedermanns
Geschäft seyn mögte; denn es ist sehr nothwen=
dig, alles so anzurichten, daß der Bliz ange=
zogen werde, und auch einen Weeg finde, der
ihn ableitet. Hieraus folgt aber, daß Nie=
mand dergleichen Veranstaltungen zu treffen ver=
mag, woferne er in der Elektricität nicht wohl
erfahren seye. Wenn man aber darauf nicht
achtet, so wird die Gefahr nicht abgehalten;
sondern im Gegentheil noch vermehret; und
damit eine an sich sehr nüzliche Sache dem
Gelächter unverständiger Leute und ungeräum=
ten Schmähungen Preiß gegeben. Denn da=
mit ist es noch nicht genug, eine sprize eiserne
Stange oben auf einem Hause aufzurichten,
und von demselben einen eisernen Drath
in die Erde herabzulassen. Denn wenn man
auch noch so sicher wäre, daß durch diesen ei=

fernen Drath das elektrische Feuer den Wolken
entrissen würde, so weiß man doch, daß selbiger von dem nemlichen Feuer auch zuweilen
geschmolzen werde, und wenn sich dieses ereignete, so würde nothwendig der Ableiter dadurch
zerrissen, und die folgende Blize würden um
so grössere Gefahren befürchten lassen. Zudem
weiß man auch, daß die Elektricität der Wolken bald positiv, bald negativ sehe. hh) In
beyden Fällen fällt der Bliz zur Erde nieder;
wenn er aber von ohngefähr einen elektrischen
Körper antrift, so beugt er sich sogleich aufwärts nach der elektrischleeren Wolke. ii) Wenn
nun eine elektrische Wolke über einer eisernen
Stange stehet, und ein Bliz von derselben abwärts zu einer Stelle die mit keinem Eisendrath
versehen ist niederfällt, so muß nothwendig der
Bliz durch das Haus fahren, noch ehe er einen
Ableiter findet. Dadurch aber betrügt man sich
in der Hofnung, und der gehabte Endzweck,
wodurch man sich vor dem Bliz versichern wollte,
schlagt fehl.

Bey Errichtung der Wetterableiter ist es eine
Hauptsache, daß der Bliz, er mag aus einer Gegend kommen, aus welcher er will, einen Weg zum
zu- und ableiten offen finde. Denn es ist fast unmöglich ihm alle andere Zugänge zu verwehren;
allein verhindern kann man, daß er uns nichts
schade.

schade. Und dieses können folgende Mittel bewerkstelligen.

An beyden Enden des Balkens, der oben im Dach Gipfel liegt, bevestige man eine runde eiserne oder platte Stange die einige Ellen lang ist, und eine verguldete Spize, oder Kugel mit Sternen hat. Ist das Dach völlig mit Metall gedeckt, so muß man nur sorgen, daß es mit dem Boden durch metallische Platten verbunden seye. Das nemliche muß man auch thun, wenn das Dach mit gebrannten Ziegeln gedeckt ist, aber auf dem Gipfel und an den Ecken mit Metall belegt ist. Hat das Dach gar kein Metall, so muß man denn solches damit versehen.

Um ferner die Bliz-Materie an den Wänden des Hauses niederzuführen, so muß man alle Ecken desselben, oder doch wenigstens die gegenüberstehenden mit einem Helm versehen, der aus Eisenblech mit Zinn überzogen ist, und welcher mit den metallischen Dach-Schiefern zusammen gelöthet ist.

Die bleyerne Regenrinnen muß man mit den Schiefern vereinigen. Diese aber ersetzen den eisernen Helm, womit man sonsten die Ecken der Wände hätte überziehen müssen. Ueberhaupt muß man Sorge tragen, daß was

in

in dem Bau des Hauses aus Metall gemacht
ist, vereinigt werde.

Wenn das Gebäude so hoch ist, daß Gewitterwolken an seine Wände anstossen können, so wird man wohl thun, wenn man in
dem Dachgesims in den Ecken eine oder mehrere metallische Stangen bevestiget. Ueberhaupt aber kann man behaupten, daß die metallische Verzierungen an den Kirchen- und andern grossen Gebäuden, wenn sie spitz sind, viel
zur Ableitung des Blizes beytragen.

Erde und Sand leiten nicht gut, wegen
ihrer Trockenheit die electrische Materie ab.
Dieserwegen ist es nicht genug, daß man eine
Communication zwischen den Gewitterwolken
und der Erde eröfnet habe, denn es sind hier
noch andere Dinge zu beobachten. Man muß
also eiserne Röhren zubereiten, welche man mit
den Regenrinnen und den eisernen Helmen in
den Ecken des Hauses vereiniget, und zwar von
der Länge, daß man sie in zu dem Hause na-
hes Wasser, es sey nun ein Brunnen oder Graben, ableiten könne. Denn von diesem Wasser wird die Materie des Blizes verzehrt, wenn
die Elektricität der Wolken positiv ist; und im
Gegentheil aus demselben, wenn die Wolken
negativ sind, eine elektrische Materie, welche
den Bliz zurückhält, geschöpft. kk) Der Nu-

ze

ze, aber der Röhren, und Blechgesäß, sehr bequem,
indem die Erfahrung lehret, daß die elektrische
Materie in einer desto grössern Menge von jeden Körpern aufgefangen werde, je breiter ihre
Oberfläche sey.

Es ist eine alte und nicht verwerfliche Ge-
wohnheit, Thüre und Fenster bey einem Gewitter verschlossen zuhalten, und auf diese Weise den Andrang der Luft abzuhalten.

Schiffe kann man wider den Bliz verthei-
digen, wenn man auf die Mastbäume Metall-
stangen anbringt, von welchen eiserne Ketten
bis in das Meer herunterhängen.

Wem auf dem offenen Felde ein Gewit-
ter überfällt, dem wollte ich nicht rathen seine
Reise fortzusetzen; 11) oder unter Bäumen
Schuz zu suchen. 2) Sicherheit aber findet
man in Häusern, wenn welche in der Nähe
sind, besonders wenn sie auf die vorhin beschriebene Weise beschüzt sind. Wenn einige hoffen, die Gefahr durch nasse Kleider abzuhalten,
so wäre dieses zwar ein leichtes Mittel, weil
es sich auch wider Willen darböte; es wäre
aber auch zugleich unsicher, weil unser eigener
Körper für die Elektricität eben so durchgän-
gig ist, als nasse Kleider. Eine andere Be-
wandtniß hat es mit steinernen Häusern, deren
Wände zwar vom Wasser nicht geschickt sind den

Bliz

Blitz abzuleiten, wenn sie aber durch Regen
naß geworden, so leiten sie ihm ziemlich gut
ab. Ohne Nutzen ist es einen bloßen Degen,
oder metallene Stange über das Haupt zu halten, indem dieses vielmehr schädlich seyn könnte. Denn wenn ein Blitz auf- oder niederwärts das Schwerd oder die Stange träfe, so
würde er auch sogleich, mit einem sehr zwei-
felhaften Ausgange durch den Körper selbst gehen. Am besten wäre es, wenn es nicht zu
beschwerlich wäre, einen hierzu besonders ver-
fertigten Schirm bey sich zu tragen. mm)

y. Auf diese Art könnten, meiner Meinung
nach, Kirchen und Häuser vor den Entzündungen des Blitzes gesichert, die Todesgefahr
abgewendet, und selbst die Donner einigermaß-
sen geschwächt werden. Es wird aber noch eine vieljährige Erfahrung nothwendig seyn, um
Vorurtheile und Furcht gegen diese neue Erfindung aus den Gemüthern zu verbannen.
Denn, gesetzt daß eine Stadt, deren Häuser mit
Blitzableitern versehen wären, einige Jahre lang
mit dem Blitz verschont bliebe, so würde man
dieses dem Zufall, und nicht den Blitzableitern
zuschreiben: wenn aber nur einmal der Blitz
von dem Himmel in ein Haus träfe, ohne eben
Schaden daselbst anzurichten, so würde jedermann sagen, daß dieses die Frucht der neuen
Erfindung sey.

Ich

Ich wundere mich nicht, daß man viele nüzliche Dinge vor Träume und Possen gehalten, ohngeachtet man sie ganz deutlich beweisen kan; allein die äusserste Nachläßigkeit einiger Menschen sezt mich ebenfalls in keine kleine Bewunderung, welche heilsame und fast allgemein gebilligte Anschläge so verwerffen, daß sie nicht einmal mit ihren eigenen Augen, und durch eigene Versuche den Werth derselben untersuchen wollen. Denn während daß sie dabey zweifeln, aufschieben, die Zeit unthätig zubringen und verschwenden, so stossen ihnen dabey endlich andere auf, die sie von ihrem Vorhaben völlig entfernen. Es mögen wohl einige seyn, die bey einem schweren Donnerwetter, so lange die Furcht dauert, sich vornehmen, sich der Mittel in Zukunft zu bedienen, die vor der Gefahr des Blizes sichern; sobald aber das Gewitter vorüber, so vergessen sie auch den Vorsaz mit der Gefahr.

Eine Wissenschaft die ohne Nutzen und Anwendung in dem gemeinen Leben ist, vergnügt zwar das Gemüth der Neugierigen; so lange sie aber ausser dieser Vergnügung keinen Nutzen stiftet, so wird es etwas seltenes seyn, daß sie allgemein den Werth und Achtung erhält, die sie verdienet. Denn die meiste Personen in der Stadt beschäftigen sich mit ganz anderen Dingen, als mit Wissenschaften und deren Ver-

Vervollkommnung; und dieserwegen hält der gemeine Mann alles das für unnüz, wovon er den Nuzen nicht einsiehet. Viele Menschen bewundern die Erscheinungen bey der Electricität, als Dinge, so dem Auge angenehm sind, übrigens aber halten sie selbige für blosses Spielzeug der Naturforscher, die zum gemeinen Nuzen nichts beytragen. Ich übergehe hier den Nuzen der Elektricität in der Medicin, und glaube durch das vorige hinlänglich bewiesen zu haben, daß man mit Unrecht eine Sache verachte, deren Nutzen nicht sogleich in die Augen fällt. nn). Verachtung wird durch Unwissenheit erzeugt, und wenn diese zernichtet worden, so macht sie der Ehrbegierde und Verwunderung Raum.

Diejenige Naturforscher verdienen aber allen Tadel, wenn sie ihre Wissenschaft nicht wissen zum gemeinen Nuzen anzuwenden; denn blos durch den Nutzen erhält eine Wissenschaft ihren Werth, und verschaft sich und ihren Erfindern Ruhm. Diejenige, so Bäume pflanzen, erwarten davon nicht sogleich in dem ersten Jahre Nutzen; denn sie wissen, daß blos durch das Alter erst alles zeitig werde, und daß die überflüssige Zweige und Laub für die künftige Jahre mehr Schaden als Nuzen bringen. Wenn daher von Anfang die Arbeit noch so verdrüßlich ist, und die junge Bäume keinen Nuzen

bringen, so muß man selbige nicht sogleich aus-
rotten, sondern mit mehreren Fleiß und Sorgfalt warten, damit sie endlich tragen. Eben
dieses gilt beynahe auch von jeder Wissenschaft,
denn wenn selbige die Gaben der Natur zu unserm Nuzen anwendet, so verschaft sie Ehre
und Ruhm: um aber würklichen Nuzen zu
schöpfen, so muß man einen anstrengenden
Fleiß gebrauchen, wovon man zwar zuweilen
erst spate den Nuzen erlangt, aber doch mit
Gewißheit.

Anmerkungen zu dieser Ab-
handlung.

a) Virgilius hat in diesen Worten auf eine
kurze, aber doch, nach seiner Art, auf eine
sehr schöne und der Natur gemäße Art, den
plözlichen Einbruch eines Gewitters beschrieben:

Eripiunt subito nubes cœlumque di-
emque — — ex oculis; ponto nox
incubat atra. Intonuere poli et cre-
bis micat ignibus æther, Præsentem-
que viris intentant omnia mortem.

Die Figur der Blize ist aber verschieden,
nemlich grade, krumm, zickzack, wellenförmig,
u. d. m. Kästner und Hartmann haben Blize
wahr-

wahrgenommen, gleich einer Rakete, so mit
feurigen Sternen zerplazte. S. Hartmanns
Abhandlung von Verwandtschaft der elektrischen
Kraft mit den Lufterscheinungen, S 77.
Francklin zeigte im Jahre 1747. die Methode,
wie man dem elektrischen Feuer die Gestalt des
Blizes und andere geben könne. Wenn man
nemlich einen elektrischen Funcken auf die Vergoldung eines Buchs, eines Porcellan-Gefä-
ses, oder anderer Geräthschaften richtet, so
wird der Funcke der Vergoldung folgen, und
ihre ganze Gestalt wird also glänzen. Diesen
Versuch hat Winkler in dem Jahre 1749 mit
mehrerer Sorgfalt ausgearbeitet. Die eine
Seite einer Glastafel wird mit dünnen Goldblätgen bedeckt, die gewisse Figuren vorstellen;
die andere aber wird am Rade so verguldet,
daß das Gold bis zu jenen vergoldeten Figuren
der andern Seite reicht. Wenn dieser Rand
wohl getrocknet ist, so krazet man einige Linien
von dem Golde weg, um dessen Zusammenhang zu trennen. Wenn man nachher einen
elektrischen Funcken auf die Tafel dergestalt leitet, daß er ihrem Rand folget, so wird sich dieser
elektrische Bliz auf den goldenen Figuren aus-
breiten, und sie helle leuchtend machen. S.
Winkleri Pr. de auertendi fulminis
artificio Lip. 1753.

Ich

Ich hatte schon in dem Jahre 1759 in meinen Vorlesungen über die Elektricität, die Manier des Blizes auf einem Stük Silberpapier gezeigt; wenn dieses elektrisirt wird, und nachher auf seinen von dem Conductor entfernten Rande ein elektrischer Funcken angebracht wird, so siehet man alsbald krumme Strahlen, so von dem eingetrettenen Punct des Funckens gegen den Conductor sich verbreiten. Zu bemercken aber ist es, daß nicht alles geglättete und versilberte Papier zu diesem Versuch dienlich seye.

Die Gestalten des Blizes lassen sich noch scheinbarer nachmachen, wenn man sich des von Winkler erfundenen Cylinders bedienet. S. Stärke der elektrischen Kraft des Wassers in gläsernen Gefäßen. Eben dieses läßt sich auch, wie Hartmann gezeigt, machen, wenn man Eyer in gläserne Gefäße nach einer gewißen Ordnung so legt, daß ein Funcke zwischen den einzeln Eiern durchfahren kann, wenn man sie mit einem elektrischen Schlage berührt.

Um diesen Versuch noch kürzer zu machen, so bediene ich mir einer eisernen Kette, deren einzele Ringe, wenn man ihnen einen elektrischen Schlag giebt, an einem dunkelen Orte ein helles Feuer von sich geben, und einen verschieden gebildeten Bliz nach der verschiedenen Laage der Kette vorstellen.

Will

Will man einen sternförmigen Bliz durch die Kunst nachmachen, so muß man dem elektrischen Conductor Goldpapier, das sternförmig gebildet anhängen, die eine Seite desselben vereinigt man mit dem elektrisirten Glase, an die andere Seite des Glases bringt man die Kette an, und bringt denn einen Funcken aus dem Papier, der sternförmig aussehen wird.

Aus dem bishergesagten wird man leicht den Grund einsehen können, warum der Bliz verschiedene Gestalten hat. Denn eben genannte Figuren zeigen den Weeg, welchen der Bliz zwischen zweyen Wolken, oder zwischen einer Wolke und einem andern Körper nimmt. Die Plazregen = Wolken sind voll von elektrischer Materie, und bestehen aus einer großen Menge wäßriger Dünste, welche durch einen Zufall in einen ungleich dichten Körper, der bald aus gröbern, bald aus feinern Theilen bestehet, zusammengedrükt werden. Wenn nun aber ein so dünner und wenig zusammenhängender Körper elektrische Funcken in sich aufnimmt, oder von sich giebt, so folgt, daß also die elektrische Materie so zerstreut werde, daß sie den Theilen folge, welche die Kraft besizen, sie wegzuführen. Daher siehet man fast eben so gut mit den Augen, den Weeg, welchen der Bliz wählet, als in den Winklerischen vergoldeten Glas = Tafeln, wo das elektrische Feuer in mancherlei Gestalten heraus-

sprüzt.

sprüzt. Eben so wenn die Theilchen der Atmosphäre, welche die Elektricität sehr leicht und
geschwinde wegführen, in einer graden, wink-
ligen oder andern Linie geordnet sind, so wird
der Bliz die nemliche Gestalt annehmen. Wenn
aber eine dichte Dunstkugel, welche für sich ein
guter Ableiter der Elektricität ist, einem Blize ent-
gegenstehet, so wird auf dieselbe ein starker Fun-
ke fahren, wenn selbiger in der Nähe abführende
Theile antrift, so zerplazt er gleich einer Rakete
mit Sternen.

Die Bliz-Funcken wählen gemeiniglich den
kürzesten Weeg zwischen zweien Wolken, oder
zwischen einer Wolke, und einem andern Körper. Doch ist es möglich, daß die zwischen-
gelegene Dünste, der Wind, oder andere Dinge, unordentliche Strahlungen veranlaßen.

Je dichter die Materie der Wolken ist, um
so schwerer läßt sich der Weeg des Blizes erkennen. Denn je fähiger die Materie ist, die
Elektricität abzuführen, um so mehr wird das
elektrische Feuer dem Auge unsichtbar. Es ist
aber etwas seltenes, daß sich die Wolken so
verdichten, daher siehet man fast immer den
Bliz, oder er müßte von Dünsten oder Wolken
umgeben werden.

Die Ursache des doppelten Lichts, welche
in dem nemlichen Augenblick mit jedem Bliz
vereinigt ist, hat, so viel ich weiß, noch Niemand

mand angegeben. Die neuste Versuche zeigen, daß die negative Elektricität würcklich würck= sam und zum Ausbruch geneigt seye. Wenn also eine positive Wolke einer negativen begegnet, so wird die elektrische Materie zwischen beyden hin und hergehen, dadurch wahrscheinlich der Bliz verdoppelt wird.

In entlegenen und von einander entfernten Orten kann ein Bliz in dem nemlichen Augen= blick erscheinen und niederfallen: Wenn nem= lich die Wolken so geordnet sind, daß so bald m ihrem einen Ende Funcken hervorbrechen, solches auch in den übrigen Enden geschiehet. In dem Jahre 1555 am 29 December wurden zwischen Magdeburg, Sachsen und Böhmen durch einen Blizstrahl ohngefähr dreißig Kirchen verbrannt. Auch in dem Jahre 1694. am 10 August verbrannte ein Blizstrahl in dem nemlichen Augenblick mehrere Kirchen in ver= schiedenen Provinzen von Schweden.

Die Klarheit des Lichts (H) ist proportionirt mit der eignen Kraft des Funckens (S) mit der Entfernung der Blizwolke (A) und der Dunckelheit um den Horizont. (M) Also ist

$$H = \frac{S \dagger M}{A^2}$$

M 4   b)

b) Zuweilen nimmt man Blize ohne Donner wahr, besonders in dem Monat August.
Man nennt dieses Wetterleuchten. Doch ist
zuweilen ein sonderbarer ungewöhnlich starker
Knall damit verbunden: dieses trug sich im Jahr
1762 zu Marienstadt zu, wo damals die Kirche
vom Bliz getroffen wurde, auch in dem Jahre
1746 zu Osterwalle. S. Schwed. Abhandl.
vom Jahre 1749. Dieses hat auch Lionius beobachtet, (S. Anmerkung ii) und das nemliche hat man auch zu Hanover und Libenau
wahrgenommen. S. Hartmann am angeführten Orte §. 191. Auf das Wetterleuchten
folgt gemeiniglich ein Geräusch, als wie von einem
vorübergehenden Wagen.

Durch die Kunst kann man gewissermaßen
das Wetterleuchten nachmachen. Denn wenn
man einen künstlichen Bliz nach der im vorigen
beschriebenen Methode nachmacht, und zwar
an einem Orte, der von unserm Gehör entfernt
ist, so wird man eine Art von Wetterleuchten
haben. Eben so kann man auch in einem luft-
leeren Raum Blize ohne Donner nachmachen;
diese Gattung gehört aber eigentlich nicht hieher. Ein jeder Donner wird stärker als der
Knall einer Flinte seyn, wenn man einige
große elektrische Flaschen zugleich entlädet. S.
Wilke Anmerkungen zu Franklins Briefe, S.
261. Spengler beschreibt in seinem zehnten
Brief

Brief die Methode, den Knall aufferordentlich
zu vermehren.

Die Würkung des Blizes, die ihm entgegenstehende Dinge mit einem heftigen Knall anzuzünden, kann man auf eine kurze Art nachmachen, wenn man einen starken elektrischen
Schlag auf einen Meßing = Drath, der verschieden gebogen ist, so richtet, daß der Faden schmelzet, und dessen unterer Theil Schießpulver oder
Weingeist an einem dunkelen Ort anzündet.

Ein mehrmals wiederschallenden Donner
läßt sich nachmachen, wenn man die Elektricität so vermehret, daß der Funcke, so in die
Zwischenräume der Körper, die etwas weit
von einander entfernt sind, in jedem derselben
besonders gesehen, und der Knall gehört werden kann.

Von dem Wetterleuchten habe ich in die
philosophische Transactionen eine besondere
Abhandlung eingerückt. Es scheint daß selbiges
gewöhnlich ein Bliz seye, der an einen so entfernten Orte entstanden, daß man zwar den
Bliz aber nicht den Donner wahrnehmen könne.
Ich habe öfters in der Nachbarschaft des Horizonts sehr helle Wolken gesehen, die sehr heftig
blizten, ohne einen Donner von sich zu geben.
Das blizen aber war sichtbar, so oft hinten eine Gewitterwolke war. Endlich bin ich so weit

gekommen, daß ich, bey entstandenem blizen, die Wolke, welche selbiges verursachte, deutlich erkennen konnte. Zuweilen schiene es anfänglich, als wenn kein dunkler Fleck vorhanden, nach Verlauf einiger Zeit konnte ich die Wolke ziemlich deutlich in der Höhe sehen. Doch kann es auch möglich seyn, daß die Wolken unter dem Horizont verborgen sind, und dennoch das Blizen durch eine Reflexion sichtbar werde. In dem Monat August pflegen die Nächte dunkeler zu seyn, daher ist auch ein schwacher Bliz leicht sichtbar.

Zuweilen hört man einen Donner ohne Bliz, und denn wird selbiger von dem Tageslicht oder von einer Wolke verborgen.

Je länger man nach dem Bliz den Donner nicht hört, um so geringer und entfernter ist die Gefahr. Das Licht bewegt sich mit einer unglaublichen Geschwindigkeit, und zwar um 866920 mal geschwinder als der Schall; hieraus folgt aber, daß wir den Bliz geschwinder als den Donner wahrnehmen. Allein in dem nemlichen Augenblick, als der Bliz aus der Wolke fällt, entstehet zugleich auch der Donner; hieraus folgt also, wenn der Donner nicht sehr nahe gehört wird, daß der Bliz schon längst niedergefallen seye. Wenn aber die Gewitterwolke nahe ist, so wird man den Bliz und Donner in dem nemlichen Augenblick gewahr werden.

Aus

Aus dem Zwischenraum der Zeit zwischen Bliz und Donner läßt sich die Entfernung der Gewitterwolke bestimmen. Dieses hat die Akademie zu Florenz folgendermaßen berechnet.:

Zwischenzeit
zwischen Bliz
und Donner

Das Gewitter ist entfernt

Secunden Sch. Schuh. Sch. Meil. Schuhe.

Secunden	Sch. Schuh.		Sch. Meil.	Schuhe.
1	— 1142			
2	— 2284	=	$\frac{1}{16}$ †	34.
3	— 3426			
4	— 4586	=	$\frac{3}{8}$ †	68.
5	— 5710			
6	— 6858	=	$\frac{3}{16}$ †	102.
7	— 7994			
8	— 9136	=	$\frac{3}{4}$ †	136.
9	— 10278			
10	— 11420	=	$\frac{5}{16}$ †	170.
11	— 12562			
12	— 13704	=	$\frac{3}{8}$ †	204.
13	— 14846			
14	— 15988	=	$\frac{7}{16}$ †	238.
15	— 17130	=	$\frac{1}{2}$ —	87.

Wenn man keine Secunden-Uhr bey der Hand hat, so kann man aus der Anzahl der Pulse, die man an der Hand wahrnimmt, die Entfernung der Gewitterwolke bestimmen. Denn bey einem starken und gesunden Menschen

schen pflegt die Pulsader in jeder Minute sieben oder achtmal zu schlagen. Durch Furcht
und Schrecken kann sich aber der Puls so vermehren, daß seine gewöhnliche Anzahl in einer
Minute um fünf und zwanzig und mehrere
Schläge vermehrt wird. Bey Weibspersonen
ist er gewöhnlich etwas schwächer. S. Hales
Hæmostaticks Exp: VIII. 8. und Exp.
II. 7. imgleichen auch Sauvages Anmerkungen zu dieser Stelle.

Wenn man den Donner das erstemal langsamer, und das anderemal geschwinder nach
dem Blitz hört, so ist dieses eine Anzeige, daß
sich die Gewitterwolke nähert, wenn nemlich allezeit die nemlichen Wolken blizen.

Biß iezo weiß man noch nicht die Länge der
Zeit, in welcher man nach dem Bliz den Donner hören könne. Ich selbst habe einigemal
Gewitterwolken ohne Donner, in einer Entfernung von vier Grade vom Horizont beobachtet. Wenn nun die verticale Höhe der
Wolken über die Oberfläche der Erde ein Viertheil einer schwedischen Meile ausmacht, so folgt,
daß die von mir gesehene Wolken dreyzehn viertheil Meilen von meinen Augen entfernt gewesen; allein es ist wahrscheinlich daß sie näher
gewesen, und nicht über eine Meile entfernt.
Niemals aber habe ich einen Donner gehöret,
der

der nach dem Bliz spater als eine halbe Minute gekommen wäre.

Die vielfältige Verdoppelung des Donners entstehet zuweilen vom Bliz, wenn er zugleich mehrere Wolken durchdringt. Es seyen A, B, C, D, E, Wolken, die so geordnet sind, daß der Bliz zwischen A und B und zwischen B und C 2c. durchgehen kann. Wenn nun A elektrisch, die andern aber entweder gar nicht, oder auf eine entgegen gesetzte Weise elektrisch sind, so entstehen vier Blize zugleich, nemlich zwischen A und B, B und C, C und D, D und E. Und wenn dieses geschiehet, so hört man einen vielfachen Donner. Zuweilen aber entstehet diese Vervielfältigung durch den Wiederhall eines Donners, der von andern Wolken, oder Dingen, die auf der Oberfläche der Erde befindlich sind, und von andern vesten Körpern hervorgebracht wird.

Ehe man die elektrische Natur des Blizes erwiesen hatte, so haben sich die Naturforscher sehr bemühet dessen Ursache zu erklären. Descartes glaubte, daß sich die Wolken an einander rieben, wie ein Feuerstein und Stahl, und also Feuer und Knall hervorbrächten. Andere glaubten, daß in der Atmosphäre etwas dem Schießpulver ähnliches vorhanden.

Die

Die Heftigkeit des Donners (K) kommt überein mit der eigenen Kraft des Funkens oder Blizes (S) mit der Entfernung der Gewitterwolke (A) und der Ausdehnung der Luft (E). Also ist $K = \dfrac{S + E}{A^2}$.

c) Der Bliz beschädiget auf eine doppelte Art die Mauren. Denn zuweilen wirft er die Mauern und Gewölbe auf einmal ungestümm darnieder; wie solches in Frankreich geschehen. (S. Hist. de l'Acad. Royale des Sciences 1719.) Hiervon ist aber die Ursache eine heftige Explosion und plözliche Veränderung der Luft, wovon ich noch unten einiges anführen werde. Gelinder ist die Art Bliz, wodurch die Mauren gespalten werden.

Sonsten durchbohret auch nur der Bliz in einer oder mehreren Stellen die Mauren mit einem dünnen Loche. Ein merkwürdiges Beyspiel geschahe in dem Jahre 1719. in der Kirche Solman, wo der Bliz auf die Spize der Kirche fiel, bis in die Gräber niederfuhr, von da wieder in die Sakristey empor fuhr, und die mittlere Spize über einen großen Stein durchbohrte, ohne einen Sprung in dem Stein zurückzulassen. In dem Jahre 1760. am 24. August wurden die Wände in dem königlichen Pallast zu Upsal hier und da von dem Bliz durchlöchert. S. Wallerius Dissertation über
die-

diesen Vorfall. In den von dergleichen Blizen getroffenen Wänden, pflegt hin und wieder der Kalch zu springen und abzufallen, und dieses kommt von der unglaublichen Geschwindigkeit her, mit welcher der Bliz durch die getroffene Körper fährt.

Ein merkwürdiges Beyspiel dieser Art hat man am 21. Juli im Jahre 1757. auf der Stockholmer Sternwarte wahr genommen. Der Bliz hatte einige Stücke von Gypsarbeit aus den Wänden zweyer Gemächer losgebrochen, und sie mit der größten Gewalt auf die gegen über stehende Wände geworffen, woselbst sie Herr Wargentin nach drey Stunden noch weich und warm gefunden; dieses aber war um so wunderbarer, weil diese Zimmer schon beynahe fünf Jahre lang bewohnt, und im Winter täglich eingeheizt wurden. In dem ganzen Monat Juli war die Hize sehr beschwerlich und drückend, nur den 16. und 18. ausgenommen, an welchen Tägen es ein wenig geregnet hatte. Selbst an dem 21. sowohl vor dem Gewitter, als während demselben, fielen nur wenige Regentropfen nieder. Uebrigens ist zu bemerken, daß man weder außer der Sternwarte, noch in deren dicken Wänden, ausgenommen jene Gemächer, gar keine Spuren vom Blize entdecken konnte. Ich weiß nicht, ob ich den Grund dieser besondern Erschei-

ſcheinung der in den Wänden zurückgebliebe-
nen Feuchtigkeit, oder der Feuchtigkeit, die vom
Regen entſtanden, zuſchreiben ſoll.   Oder iſt
etwa zu vermuthen, daß die Blizmaterie ſelbſt,
indem ſie die Mauren durchdrungen, den Speiß
aufgelöſet und erweicht habe?

d) Oft trägt es ſich zu, daß der Bliz gro-
ſe Häuſer, die entweder allein ſtehen, oder an
andere ſtoßen, zerſtöhret.   Der Biſchof Ruze-
lius zählt in ſeiner Brontologie beynahe hundert Beyſpiele von Schwediſchen Kirchen, welche bis zu dem Jahre 1720. von dem Bliz entweder zerſtöhret oder verbrannt.   Ich würde
übrigens zu weitläuffig werden, wenn ich alle
die Beyſpiele von Kirchen und Privathäuſern,
welche durch den Bliz von jenen Jahren an,
bis auf gegenwärtige Zeit zerſtöhrt worden ſind,
hier anführen wollte.

Holz und hölzerne Hausgeräthe werden entweder von dem Bliz angezündet, oder zerbrochen und zerſplittert.   Von dem durch den Bliz
entſtandenen Brand werde ich unten noch mehr
ſprechen aa).   Daß aber Holz von dem Bliz
zerbrochen und zerſpalten werde, dieſes muß
man der Gewalt des Blizes, womit er ſich den
Weg öfnet, zuſchreiben.   Ein beſonderes Beyſpiel dieſer Art erzählt der Pater Lamp in ſeinen Conſiderations phyſiques ſur les
Ex-

4

extraordinaires effets du tonnere an. 1696. Es trug sich nemlich zu, daß am 18. Juli im Jahre 1689. zu Lagny, einer Stadt in Frankreich, ein Bliz in eine Kirche fuhr, und das Meßbuch auf dem Altar traf, und folgende rothgeschriebene Worte, die auf der Seite stunden, welche auf dem Altartuch lag: Das ist mein Leib, dieser ist der Kelch des Bluts; mit umgewandten oder verkehrten Buchstaben auf das Altartuch druckte. Auch der Anfangs-Buchstab dieser Seite, Q, war ebenfalls mit Menningfarbe, nur etwas blässer, auf dem Altartuch abgedruckt. Wahrscheinlich ist hier der Bliz perpendiculär auf die Seite des Meß-buchs gefallen, und weil die Buchdruckerfarbe eine ölige, d. i. eine idielektrische Materie ent-hält, so wurden die damit geschriebene Buchsta-ben von dem Bliz nicht durchdrungen, sondern nur einige Theile der Farbe getrennt, und ei-ne Reihe Buchstaben auf das unterliegende Altartuch gedruckt.

Es ist etwas seltenes, wenn ein Stamm oder trocknes Brett überzwerch von dem Bliz gespalten werde: allein man findet Beyspiele daß steinerne Säulen durch den Bliz gesprungen. Gewöhnlich bekommt das Holz Rize oder Spal-ten, oder es bricht, je nachdem der Bliz einen Weeg genommen.

e) Daß der Bliz die Schiffe nicht schone beweisen viele Exempel. Denn durch denselben wurde im Jahre 1300 die schwedische Flotte getrennt und beynahe zerstöhrt. In dem Jahre 1594, als vier und vierzig Schiffe den König Sigismund nach der Krönung aus Schweden nach Polen brachten, wurde eins von diesen Schiffen durch einen Blizstrahl verbrannt; in dem Jahre 1715. fuhr der Bliz in die Pulver-Kammer eines Schiffs, das in dem Haven Kroneflott lag, und sprengte es in die Luft. Noch mehrere neuere Beyspiele werden in den englischen philosophischen Transactionen Vol. 46. p. 111. erzählt. Hierher gehört das Schiff des Admiral John Waddels, das vom Bliz verbrannt wurde: ferner das Schiff Bellona von 74 Kanonen, so im Jenner des Jahres 1792 vom Bliz getroffen wurde, und andere mehr. In dem nemlichen Jahre wurde ein englisches Schiff vom Bliz getroffen, Mastbaum, Seegel und Ruder verbrannt, der Compaß zerstöhrt, einer von den Matrosen heftig verwundet, und die übrige erschreckt und niedergeworffen. S. Phil. Transact. a. 1762. p. 629. Uebrigens glaube ich, daß die Seereisende viel öftere und schwerere Gefahr auszustehen hätten, woferne sie nicht mit Wasser umgeben wären, welches die Blizmaterie in sich ziehet. In dem Jahre 1760 am 24 August fiel zu Upsal ein Bliz von dem königlichen Pal-

la-

laſte in den nahen Fluß. In dem nemlichen
Monate traf der Bliz zu Stockholm in der
Vorſtadt Ladugardsland eine Scheuer, worinn
man Taback trocknete, von da aus lief er über
den mit Moos bedekten Hügel, und ſenkte ſich
in die nahgelegene See.

f) Eine vielfältige Erfahrung von hundert
und mehreren Jahren hat gezeigt, daß der Bliz
zuweilen den Compaß unordentlich mache. So
weiß man von einem engliſchen Schiffe, daß nach
der Inſul Barbados ſeegelte, daß durch einen
Bliz auf demſelben nicht nur Maſt, Seegel und
Ruder zerſtöhrt worden, ſondern auch der Compaß in Unordnung gerathen. S. Journal
des Sciences 1 Mars 1677. Eben dieſes
trug ſich auch im Jahre 1681. zu, S. Philoſ.
Transact. No. 157. 127. auch in dem vor-
hinangeführten Beyſpielen, und andern mehreren. Hieraus folgt alſo daß der Bliz die Pole
der Magnetnadel entweder zerſtöhre, oder ſo
verändere, daß der Nordpol zum Südpol
werde, und ſo umgewandt. Daß der Stahl,
oder das vom Bliz berührte Eiſen eine magneti-
ſche Kraft erlange, zeigen ſowohl mehrere Fälle, und auch das Beyſpiel, das Corkſon erzählt.
S. Philoſ. Transact. no. 437. Ein Kauf-
mann packte Meſſer und Gabeln in eine Küſte,
um ſie auf dem Meere zu verſenden. Indem
er aber das Schiff erwartet, ſo fällt ein Bliz

N 2 in

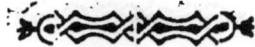

in sein Haus, zerſtöhrt daſelbſt viele Dinge, und macht jene Meſſer und Gabeln magnetiſch.

Durch die künſtliche Elektricität wird das nemliche bewerckſtelligt. Franklin hat dieſes zuerſt und auf eine ſehr glükliche Weiſe verſucht, indem er eine Stahlnadel durch den Schlag von vier elektriſchen Flaſchen ſahe magnetiſch werden. Die Nadel war ſo gelegen, daß ſie mit ihrer einen Spize gegen Morgen, und mit der andern gegen Abend gekehret war, und an derjenigen Stelle, wo ſie der elektriſche Schlag berührte, bekam ſie den mitternächtlichen Pol. Wenn aber die Nadel zwiſchen Mitternacht und Süden liegt, ſo kann man auf jeden Theil derſelben einen elektriſchen Funcken fallen laſſen, und doch wird das mitternächtliche Ende allezeit auf Mitternacht zeigen: in dieſem leztern Falle wird aber auch die Theilung des Pole deutlicher ſeyn, als wenn die Nadel zwiſchen Morgen und Abend elektriſirt worden. Denn Francklin ſcheint es wahrſcheinlich zu ſeyn, daß wenn das ſüdliche Ende, oder der Südpol der Magnetnadel heftig elektriſirt worden, ſo werde ſolcher in den Nordpol verwandelt.

Die Wiederhohlung dieſer Verſuche iſt den Europäern nicht wohl geglükt. Denn man hat wahrgenommen daß kleine Nadeln durch ein elektriſches Feuer leicht ſchmelzen, gröſſere aber

aber davon wenig verändert werden. Mir ist
ausserdem auch Niemand bekannt, der die Franck-
linische Versuche durch seine eigene Beobachtungen bestättigt hat, ausser, dem Wittenberger
Professor Bos, der in einem Brief an die Königliche Londoner Societät erzählt, daß er durch
das Elektrisiren der künstlichen Magnete ihre
Pole umgewandt, und neue Pole gemacht habe. Dieserwegen suchte Wilson durch vierzehn
Versuche das nemliche hervorzubringen, allein
keiner von denselben ist ihm geglückt. (S.
dessen Treactise on Electricity) Er bediente sich dazu der künstlichen Magnete des
Knight von acht Zoll. Francklin glaubte, daß
diese Versuche nicht geglückt seyn, weil die Magnete zu lang, und die Elektrisirung zu schwach
gewesen.

g) Die allergesundeste Bäume werden von
dem Bliz verlezt, aber nicht überall auf die
nemliche Weise. Denn einige werden davon
gespalten, oder doch wenigstens ihrer Rinde
beraubt. Dieses wiederfuhr den Weiden in
dem Dorfe Knifvinge im Jahre 1744. (S.
Abhandl. der Schwedischen Akademie vom Jahre 1749. und drei andern Bäumen bey Libkö-
bing im Jahre 1753.

Andere Bäume, so vom Bliz getroffen
worden reissen in der Mitte entzwey, und bre-

chen

chen in unzählige Stüke. Zum Beyspiel dienet
eine alte Tanne in dem Kirchsprengel Haßled,
welche der Bliz in dem Jahre 1741 getroffen,
zerbrochen, bis auf die Wurzel gespalten, und
die Stüke Holz und Rinde einige Ellen weit
geworffen. Von einer Eiche, die sieben oder
acht Schuhe in der Peripherie hatte, und
im Jahre 1723. vom Bliz getroffen wurde,
hat Mairan eine umständliche Erzählung
gemacht. Hist. de l'academie roy. des
Sc. 1724. Dieser Baum war 28. oder
29 Schuhe hoch, stunde auf einem großen
Felde, in einer Entfernung von 500 Schritt
von dem nah gelegenen Walde, und wurde
von dem Bliz in vier Theile gespalten, wovon
eins sechzehn Schuhe lang, auf fünf und vierzig Schritte weit von dem Stamm geworffen
wurde, das andere zwei und zwanzig Schuhe
lang in einer Entfernung von funfzehn Schritt.
Die zwei andere Stücke des Baums waren von
seinem Gipfel gesprungen, und näher auf die
Erde gefallen. Die Stücke Holz und Rinde
waren bis auf eine Entfernung von dreihundert
Schritte auf der Erde zerstreut. Die größte
davon hatten keine Rinde, aber noch ihre Blätter, und brannten auf der Seite, mit welcher
sie auf der Erde lagen.

Zuweilen verbrennt das Holz so durch einen
Bliz, daß nichts als eine Kohle zurückbleibt.
Hie-

Hieher gehört unter andern das Beyspiel, so
Henry in dem Recueil d'observations de
medicine 1757 p. 19 anführt.

Niemand wird sich aber wundern, daß die
Weiden dem Bliz vor andern Bäumen ausgesezt
seyn, wenn man überlegt, daß ihre spize Blätter, und die schwammige und feuchte Materie
ihres Holzes sehr geschickt seye den Bliz anzuziehen. Doch ist es aber auch etwas seltenes, daß
die Weiden so heftig vom Bliz als andere getroffen werden, denn die in ihnen befindliche große
Menge Feuchtigkeit leitet den Bliz hinlänglich
ab; auch widerstehen sie, weil sie weich sind,
dem Bliz nicht so heftig, als andere Bäume.

Diejenige Bäume, deren Substanz stärker
ist, geben dem Bliz nicht so leicht nach; durch
ihren Widerstand aber vermehren sie seine Gewalt. Denn wenn sich das elektrische Feuer
in ihnen angehäuft hat, so werden die in ihren
Gefäßen eingeschlossene Feuchtigkeiten sogleich in
Dämpfe aufgelöset, durch deren Ausdehnung
die stärkste Baum-Aeste zerbrochen, gespalten,
und sehr weit weggeworfen werden können.
Hierzu kommt noch die Gewalt des Windes,
der gemeiniglich den Donner begleitet, und seine Macht vermehret. (S. die Anmerk. q)

h) Bey Thieren, so durch den Bliz getödet worden, siehet man äuserlich oft gar keine
Wun-

Wunde, wenigstens ist selbige dem Auge unsichtbar. Dieses weiß man durch das Beyspiel
des Richmanns, und vieler anderer, so durch
den Bliz getödet worden. Ja man erzählt sogar, daß man Schaafe gefunden, die durch
den Bliz getödet worden, so auf ihren Füßen
gestanden, als wenn sie noch lebten. S. Wallerius diss. de Statu uxoris Lothi. p. 10.

Doch findet man zuweilen bey Thieren, die
vom Bliz getroffen wurden, zwar äusserlich keine
Wunde, allein die Knochen findet man gebrochen. So hatte im Jahre 1718. der Bliz zu
Prinzwalk in der Mark Priegniz zwölf Schaafe
getroffen, und zur Erde geworffen, von welchen
acht getödet waren. Als nun die dortige Landleute selbige kochen wollten, so fanden sie, daß
in ihnen alle Knochen zerstossen und zermalmt
waren, und überall in das Fleisch gestoßen. S.
Breslauer Sammlungen vom Jahre 1718.
S. 1188.

Sonsten brennet, oder verbrennet der Bliz
die Thiere. Im Jahr 1763 tödete ein Bliz einen fünfjährigen Knaben in dem Kirchspiel Hass-
löf; auf der linken Seite seines Körpers waren
die Haare verbrannt, sonst aber nichts an demselben verlezt, ausser daß hin und wieder gelbe Flecken an seinem Körper zu sehen waren. Im Jahre 1762 wurde in der Vorstadt Ladugardsland
in

in Stockholm ein Weib von dem Bliz getroffen, in der Gegend ihres Magens war ein gelber Fleck, und ein Loch auf ihrer Brust. Zu Oxsurth wurden zwey Studenten in einem Nachen vom Bliz getroffen, der eine hatte im Angesicht und Hals einen gelben Fleck, als wie von ausgetrettenem Blute, und schwarze Flecken hin und wieder am ganzen Körper, wie Brandflecken. S. Mem. de Physique de toutes les Academies des Sciences T. 1. p. 40. Dem Ritter Brook wurde durch einen Bliz Hand und Knochen verbrannt. Ebend. p. 50. Hartmann a. O. S. 121 erzählet, daß der Bliz einen Hirt, der sich unter einen Baum gestellt, verbrannt, und völlig in Asche verwandelt, den Baum aber zersplittert habe.

Schon ältere Schriftsteller haben die Bemerkung gemacht, daß die Thiere zuweilen von dem Bliz getödet werden, ohne dabey äusserlich eine Wunde wahrzunehmen. Daher sagte Plautus, daß den Vögeln vor Furcht die Seele gleichsam aus dem Leibe flöge. Sympos. Lib. VIII. Qu. 2. Nun lehret aber die Erfahrung, daß mit dem Bliz eine große Menge schwefelicher Dünste verbunden seye, wodurch nothwendig die Luft zerstöhret wird. Wenn also durch diese Ursach die Luft ihrer ausdehnenden und elastischen Kraft beraubt wird, so fallen die Luftbläsgen der Lunge plöz-

N 5   lich

lich zusammen, und dieser Umstand ist hinreichend genug ein Thier zu töden. Diese Meinung des Hales über den Tod der vom Bliz
erschlagenen, (S. Statical essays vol. 1.
exp. 110) wird auch durch die Leichenöfnung
bestättigt, denn hier findet man schlaffe Lungen,
und leere Zellen. S. Recueil des prem.
mem. de l'acad. des Sc. Vol. 1. Auch
kann der Tod veranlaßt werden durch die Zer-
stöhrung und Bewegung der kleinsten Theile
des Körpers, durch innere Entzündung u.d.m.
worüber man die Physiologen hören muß.

Glaublich ist es, daß die plözliche Stockung
der flüßigen Theile eine so grosse Steifheit des
ganzen Körpers hervorbringen konnte, daß das
getödete Thier in demjenigen Zustande blieb,
in welchem es vom Bliz getroffen worden. Doch
sind die Beyspiele dieser Art sehr selten.

Daß aber die Knochen, ohne Beschädigung
des Fleisches zermalt werden, ist kein Wunder,
weil ohne Widerstand keine Kraft eine grosse
Würkung hervorbringt. Denn das Fleisch,
weil es weich ist, giebt der Gewalt leicht nach,
die Knochen aber vermehren sie durch ihre Stärke und Widerstand. Hierzu kommt noch, daß
die Knochen die Elektricität schwerer annehmen
und fortpflanzen als die Muskeln, und jene
also schwerer von dem Bliz getroffen werden.

Von

Von dem Verbrennen und Wunden die
durch den Bliz geschehen, werde ich unten
umständlicher handeln. (Anmerk. aa) Uebrigens scheinen die vom Bliz getödete eine sehr
sanfte Todesart zu sterben, weil sie augenblicklich leblos werden, und den Schmerz des Feuers gar nicht zu empfinden scheinen.

1.) Thiere werden zuweilen vom Bliz getroffen und bleiben leben. Nicht selten werden sie wie von einem elektrischen Schlag niedergeworfen, oder fallen in Ohnmacht. Dieses wiederfuhr im Jahre 1716. am 31. Juli
einem Hauffen Soldaten zu Stocksund, denn
sie wurden vom Bliz getroffen, fielen plözlich
nieder, erlitten aber sonst keine heftige Zufälle.
Als ich vor kurzem den Herrn Hay einige elektrische Versuche zeigte, so erinnerte er sich bey
Gelegenheit des Schmerzes vom elektrischen
Schlag eines Blizstrahls, den er im Jahr 1759.
empfunden, als er Kriegsdienste auf einem Schiffe that, welches nach Ostindien seegelte. Dieser Bliz war an dem Mastbaume niedergefah-
ren, und durch einen Spalt in dem Schiffe
in das Meer gefallen, ohne weitern Schaden
anzurichten, ausser daß der größte Theil von
Schiffleuten halb tod und erstarrt niederfielen.
Das nemliche erfuhr neulich einigen Menschen
in der Kirche Sancta Clara, wie mir der Ritter Klingenstern erzählte.

Die-

Diejenige, welche der Bliz getroffen, aber nicht getödet, wissen nicht, wenn sie wieder zu sich selbst kommen, was ihnen begegnet ist. In dem Jahre 1763. am 10. Juli fiel der Bliz im Smoland in das Hauß eines Bauren. In demselben waren zwölf Menschen, die durch den Bliz getroffen, alle erstarrt niederfielen, und da sie eine kurze Zeit darauf wieder zu sich kamen, so konnten sie sich von nichts besinnen, außer daß sie aus dem Dunst und andern Zeichen muthmaßten, das Hauß seye vom Bliz getroffen worden. Das nemliche wiederfuhr Wilkes, als er von ohngefähr die ableitende Kette der Elektrisir-Maschine berührte, und einen heftigen Schlag bekam, wovon er zur Erde niederfiel, und nachher nicht wußte, was mit ihm vorgegangen. Auch Franklin bekam unvermuthet einen Schlag von zwey elektrischen Flaschen, wovon er weder einen Knall gehört, noch einen Funken wahrgenommen und doch einige Minuten da lag. Ovidius sagte mit Recht:

— — — Jovis ignibus ictus
Vivit & est vitæ nescius ipse suæ.

Einige die vom Bliz getroffen worden, verliehren einen oder den andern Sinn. Von dieser Ursache entstehet nicht selten eine Blindheit, die auch Franklin durch die Elektricität in Hühnern und Tauben nachgemacht. Man hat mir erzählt, daß ein Soldat im Jahre 1760.

in

in Smoland sechs Wochen lang blind und taub
gewesen, und damals seye nicht weit von ihm
ein Knab durch den Bliz getödet worden. Eben
dieses ist auch in Irrland einem Mann und
Weibe begegnet. S. Breslauer Sammlungen
1717. p. 157. Von jenem Blize, wovon ich
oben erzählte, daß er in die Hütte eines Smo-
ländischen Bauern gefallen, wurde die Haus-
frau an der rechten Hand, und ein anderer
Bauer an dem Finger, womit er die Tabaks-
Pfeife hielte, gelähmt. Als zu Hamburg der
Petersthurm vom Bliz angezündet wurde, so
war ein junger Mensch davon einige Zeitlang
wahnsinnig. S. Bresl. Samml. 1717. p. 62.

Sonsten werden auch verschiedene Theile
von den Thieren durch den Bliz verbrennt.
Scheuchzer erzählt, daß der Arm eines Mäd-
gens, wie von heissem Oele verbrannt seye und
zugleich seye das Wasser in einem Glas, welches
sie in der Hand hielte, warm geworden. S.
Bresl. Samml. 1718. p. 1081. In mehr
genannter Bauernhütte hielte man einem von
den Bauern für tod; sein Hals war von dem
Bliz durchstochen und die Brust verbrannt.
Doch gab er nach zwey Stunden Lebenszeichen
wieder von sich, und nach einigen Tagen fieng
er wieder an zu sprechen; nur der Schmerz
auf Brust und Haupt blieb noch zurück. Ein
anderer bekam eine Verlezung des Unterleibs
und

und eine geringe Luxation am Fuß, und nachdem er wieder zu sich gekommen, so spührte er noch herumziehende Schmerzen in dem ganzen Körper, Steifheit der Nerven und eine heftige Quaal von Verbrennen. In dem Jahre 1752. am 19. Juli fiel der Bliz in die Kirche zu Alva, einem Dorfe in Gothland; viele Zuhörer emfande n einen heftigen Schmerz, aber doch ohne weitern Schaden; dem Prediger aber auf der Kanzel wurden Hals und Aerme verbrannt, und seine Perrücke gerieth in Brand. s. Schwedische Abhandlungen vom Jahre 1753.

Man weiß aus häufigen Beyspielen, daß oft aus vielen nur einer oder der andere durch den Bliz getödet worden, und die übrige unbeschädigt bleiben. So erzählt Plinius Hist. Nat. Lib. 2. cap. 53. daß die Maria in ihrer Schwangerschaft vom Bliz getroffen, ihre Frucht getödet, sie aber nachher eine vollkommene Gesundheit genossen. In dem Jahre 1702. tödete ein Bliz in einem Kaufmanns Hause die Frau und die Magd, das Kind aber blieb unversehrt, welches die Magd auf ihren Armen trug. Von dem Hieronymus Fracastorius erzählt man, daß man ihn gesund, unverlezt, sizend auf dem Schooße seiner Mutter angetroffen habe, die vom Bliz getödet worden. S. Theatrum 12. 34. Martin Luther wurde nur vom Bliz erschreckt, da inzwischen sein guter

ter Freund und Reisegefährte neben ihm vom
Donner erschlagen wurde. S. Frischs ver-
deutschter Seckendorf. So hatte auch in dem
Jahre 1761. am 7. Juni zu Smedstorp, im
Christianstader District, ein Bliz von drei
Knaben die neben einander saßen, den ältesten
von neun Jahren getödet, ohne aber seine Knochen zu brechen; der andere fiel in Ohnmacht,
und der dritte von fünf Jahren fiel zur Erde.
S. Ny Mercur 1761. S. 92. In dem Jahre 1763 am 2 August zündete ein Bliz auf
einem Mayerhof bey Westeras einen Stall an;
der Eigenthümer lief herzu um das Feuer zu
löschen: allein ein zweiter Bliz tödete zwey
Ochsen, und das Feuer brach zum zweitenmal
überall hervor. Hierauf schickte er seinen Sohn
von sechszehn Jahren fort, um die Nachbarn
zu Hülfe zurufen; aber ein dritter Bliz tödete
das Kind nicht weit von dem Vater, und seine
ganze Haut war dabey verbrannt. Der Vater
aber wurde durch die Hülfe der Nachbarn vom
Tode errettet.

Das nemliche bringt die künstliche Elektricität herfür. Denn wenn man in einem Kreise
von vielen Menschen, die sich einander die Hände reichen, eine elektrische Flasche losbrennt,
so werden diese alle einen Stoß verspühren; allein ausserhalb des Kreises, wenn man auch
sonsten noch so nahe steht, ohne aber dabey die
Hand

Hand eines andern im Kreise zu berühren, wird man nichts empfinden. Auch kann man denn die elektrisirte Kette unbeschädigt anfühlen, deren Schlag sonsten tödlich seyn würde. Gewöhnlich weiß man die Bedingnüsse nicht, unter welchen der Bliz auf diesen oder jenen Ort fällt; und daraus folgt, daß wir gewöhnlich den Weeg des Blizes nicht wissen, auch nicht die Ursache, warum er keinen andern Weeg genommen. Allein es ist ausser allen Zweifel, daß der Bliz solche Materie suche, die ihn am besten ableiten.

k) Die Menschen haben verschiedene Kunststüke erdacht, wodurch man den Bliz abhalten könne. Einige versprachen (ehedem) Sicherheit von dem Läuten der getauften Glocken; allein diese (veraltete) Meinung hat schon ehedem Deslandes widerlegt, (Hist. de l' Acad. 1719) indem er erzählt, daß an der Seeküste Franckreich, zwischen Landenau und St. Paul de Leon am 15 April 1718 vier und zwanzig Kirchen von dem Bliz getroffen worden, ohngeachtet man dabey geläutet. Andere Kirchen aber, sagt er weiter, blieben verschont, in welchen man nicht geläutet.

Andere gaben den unnüzen Rath, daß man bey dem Gewitter Kanonen losbrennen sollte.

Unter allen aber war Francklin der erste, so im Jahre 1749 vermöge seiner Erfahrungen die

die Hülfsmittel anzeigte, welche Sicherheit wieder den Bliz gewähren sollten. S. Dessen
Experiments and Observations on Electricity made at Philadelphia. Lond.
1751. Die bekannt gewordene elektrische Natur
des Blizes räth an, daß man die Häuser oben
auf ihrer Spize mit eisernen spizen und verguldeten Stangen versehe, und von denselben einen Drath herunterlauffen lasse, der an den
Wänden bis in die Erde hinabgehet. Ohngeachtet nun diese Erfindung des Francklin sehr
sinnreich ist, so muß man doch zwey Stücke
daran verbessern. Erstens gebe ich zwar zu,
daß der Eisendrath zur Ableitung des Blizes
hinreichend seye, allein daß er auch durch den
Bliz schmelzen könne, wodurch also die Ableitung unterbrochen und Gefahr entstehen kann.
Zweitens kann durch diese Vorkehrung der Bliz,
welcher von der Erde empor steigt, keineswegs
abgehalten werden.

In dem Jahre 1753 hat Winkler in einer
Dissertation, die zu Leipzig herausgekommen,
ein anders Mittel vorgeschlagen. Er hofte
nemlich dadurch Sicherheit zu erlangen, wenn
man die Häuser mit einer Materie überzöge,
welche die Elektricität abführte, und von dem
Dache durch zwischen gelegte idioelectrische Körper unterschiede. Ferner will er von diesem
Dache eine eiserne Kette herunterführen, deren

Ende in einer dazu erbauten Scheuer, vermittelst seidener Fäden mit der Erde vereiniget werde. An das Ende der Kette hängt man einen Ring, und nicht weit von demselben bevestiget man eine eiserne Stange in die Erde. Wenn nun der Bliz das Dach trift, so wird doch dabey, nach der Meynung des Winklers das Haus verschont, weil es die angebrachte idiolektrische Körper unter dem Dache beschüzten, und denn ferner die Blizableitende Kette, welche ihn durch den Ring der in der Erde stekenden Stange mittheilte. Ich will hier das beschwerliche bey dieser Bauart nicht untersuchen, sondern wohl zugeben, daß auf diese Weise zwar die herabfallende Blize können abgeleitet werden; da aber doch der Bliz zuweilen von unten empor steigt, so wird, wie ich fürchte, die Winklersche Erfindung wenig Sicherheit dagegen verschaffen Er gestehet auch selbst, daß seine Vorkehrungen, die schief kommende Blize nicht abhalten können.

1) Bey den alten Teutschen und Sueden war es eine Volksmeinung, daß einige Steine vom Himmel fielen, die man Donnerkeile nannte. Diese Völcker glaubten nemlich, daß der Gott Thor mit Steine bewaffnet in der Luft herumführe, und selbige nach den Häuptern der Teuffel würffe. Andere glaubten daß bey einem Gewitter dieser Gott Thor

mit

mit andern Göttern stritte, und um ihm zu
Hülfe zu kommen, so pflegte man mit Don-
nerhämmern an die Mauren und Fässer zu
klopfen und Pfeile in die Luft zu schießen. S.
Baz. hist. eccl. p. 126. und Joa. Messen
Scandin. T. 1. Diese Donnerhämmer waren nach der Einführung des Christenthums
noch einige Zeit in Gebrauch, denn man lieset
daß der große Nilson, ein Dänischer Prinz,
einen solchen Hammer in dem Jahre 1134 aus
Schweden mit sich genommen. S. Saxo
Gramat. L. 18. Messen tom. 12. p. 89.

Die alten Römer glaubten ebenfals, daß
ihr Jupiter auf ähnliche Art bewaffnet sey. Daher sagt Ovidius:

Inque Jouis dextra Fictile
Fulmen erat.

Ueber die Donnerkeile hatte man aber drei
verschiedene Meinungen.

1) Einige hielten sie für bloße Erdichtung; und
die Steine selbst, so man mit jenem Namen
belegte, wären Kriegs-Instrumente, an welchen
man die Kunst wohl erkennen könnte; viele
davon seyn auch weiter nichts als rohe Kiesel,
so man von ohngefähr an dem Orte gefunden,
welchen der Bliz getroffen. So dachten ohngefähr Rohault Phys. p. 3. c. 16. Sturm

Phys.

Phyſ. exper. lect. 3. c. 6. Vater Phiſ.
p. 539. Verdries Phiſ. p. Sp. c. s. 8. 9.
und andere.

2) Andere glaubten, daß mit dem Bliz
würckliche Steine auf die Erde niederfielen;
und dieſe Meynung mag wohl von den Arabern
herkommen, weil vor Avicenna Zeiten Niemand
dergleichen behauptet. In Rükſicht der Erzeugung dieſer Steine iſt man aber verſchiedener
Meinung; denn einige glaubten, daß ſie durch
ſtarke Winde in die Luft empor getrieben, und
von da niederfielen; andere aber glaubten dieſe
Steine erzeugten ſich ſelbſt in der Luft. Daher ſagte Descartes, der Bliz kann ſich zuweilen in einen ſehr harten Stein, der alles ihm
entgegenſtehende zerbricht, und zerſchlagt, verwandlen, wenn nemlich ſich zu ſeinen durch-
dringenden Ausdünſtungen viele andere fette
und ſchwefeliche Ausdünſtungen vermiſchen, zumal wenn dickere zugegen ſind; ähnlich derjenigen Erde, welche an dem Boden der Gefäße
niederſinkt, in welchen man Regenwaſſer ge-
ſammlet hatte. Eben ſo weiß man aus der Erfahrung, daß wenn man zu dieſer Erde Salpeter und Schwefel in gewiſſen Theilen zumiſcht,
und dieſe Miſchung anzündet, ſo wird ſich ſelbige ſogleich in einen Stein verwandlen. S.
Descartes Meteor. c. 7. §. 10. Aber Sper-
lett und Bodin glaubten, daß ſich dieſe Steine
durch

durch die Wärme der Luft erzeugten, so wie
die Steine in der Blase und andern Eingewei-
den der Thiere entstehen. Lesser behauptete,
daß die fremde der Luft beygemischte Theile durch
die Hize der Sonnenstrahlen, welche von einer
hohlen Wolke gleich als einem Brennspiegel
reflectiret würden, schmelzen, nachher sich mit
andern ihnen vorkommenden Dingen vermisch-
ten, und auf die Erde niederfielen. S. Li-
thotheol. S. 131. Es sind auch einige der
Meinung, daß die Donnerkeilen aus den Feu-
erkugeln entstünden, die zuweilen mit dem
Bliz herunterfallen. S. Phys. T. 3. S. 316.
und Borelli cent. 3. obs. 86.

3) Zulezt muß ich noch die Meinung derjenigen berühren, welche glauben, daß die Donnerkeilen an denjenigen Orten durch das Schmelzen
entstünden die vom Bliz getroffen worden.
Agricola in orig. subterr. l. c. stimmt dieser Meinung bey, die nachher Stahl durch Be-
weiße, so sich auf Erfahrungen gründeten,
noch mehr zu unterstüzen suchte. Er erzählt
unter andern, daß ein Mann in der Erde grub,
ein kleines Loch entdeckte und darauf ihm vor-
ausgesagt habe, daß hier ein Donnerkeil verborgen läge, welchen er auch würcklich in gar
kurzer Zeit gefunden; und dieser Mann habe
behauptet, daß er durch die Erfahrung die Anzeigen der Donnerkeile wohl gelernt habe. Stahl

D 3

hiel-

hielte es also für wahrſcheinlich, daß dergleichen
Materien vom Bliz geſchmolzen ſeyn, ſich einen
Weeg gebahnt und auf die Erde niedergefallen
ſeyn. S. experim. obſ. et animadu.
Chem. et Phyſ. n. 134. Wallerius glaubte, daß keine Donnerkeile vom Bliz entſtehen
könnten, woferne dieſer keine Metalliſche Materie anträfe; und dieſes könnte man aus der
Geſtalt der Donnerkeile beweiſen, die gewöhnlich
wie Schlacken, ausſähen. S. deſſen Diſſ.
de lapide tonitruali.

Diejenige, welche behaupten, daß dieſe
Steine von dem Wind in die Höhe genommen,
und einige Zeit in der Luft ſchwebten, haben
eine der Natur und Erfahrung entgegenſtehende Meinung, die alſo würklich lächerlich iſt.
Die nemliche Bewandtnüß hat es mit der
Meinung, nach welcher die Donnerkeilen in
der Luft aus einer Miſchung von Schwefel,
Erde und Salzen entſtehet; denn nichts von
dieſen Dingen iſt in einer ſoliden Geſtalt in
der obern Luft vorhanden. Uebrigens kann
aber an einigen Orten, wo der Bliz auf
die Erde fällt, etwas zuſammenſchmelzen und
ſich in einem Stein verwandlen; denn es iſt eine bekannte Sache, daß der Bliz nach dem gemeinen Geſeze der Elektricität nach den metalliſchen Körpern ſtrebe und auch zuweilen ſchmelze.

m)

m) Der erste Anfang der Elektrologie kann schon sechshundert Jahre vor Christi Geburt gefunden werden. Denn die Naturforscher wußten schon damals daß der Bernstein, wel= chen die Griechen Jlektron nannten, durch das Reiben die Eigenschaft bekäme, Spreu und andere leichte Körper anzuziehen. In neuern Zeiten hat man diese Kraft die Elektricität ge= nannt, und diese Benennung also von dem Bernstein entlehnt. Die Natur der Elektrici= tät ist aber bis auf das dreißigste Jahr dieses Jahrhunderts weiter nicht untersucht worden, ausser daß man mehrere Körper entdeckt hat, welche eben so wie der Bernstein leichte Körper anziehen.

In dem Jahre 1731. entdeckte Gray, ein englischer Naturforscher, daß diese Kraft an= dern Körpern könne mitgetheilet und von ihnen beybehalten werden. Man weiß aber auch, daß schon vor ihm Otto Guericke nicht weit von dieser Entdeckung gewesen. In dem Jahre 1733. hatte Dufay sich schwebend auf seidene Stricke gelegt und sich selbst elektrisirt; und als er ein Goldblätgen, daß an seinem Fuße hieng, durch einen andern wegnehmen ließ, so nahm er einen gewissen Stich und zugleich ein leichtes Geräusch wahr; mehrere Versuche zeig= ten ihm nachher, daß beydes durch Feuerfun= ken hervorgebracht würde. Von dieser Zeit an

such=

suchten viele vergeblich durch elektrische Funcken
Feuer anzuzünden; bis endlich in dem Jahre
1744 Ludolph, ein Arzt bey der Preußischen
Armee, in einer Versammlung der Berliner
Academie, den Spiritus des Froben, oder wie
man ihn sonst heißt Vitriol-Aether, durch die
Elektricität anzuzünden lehrte. Mit dieser Lehre
fängt der neue Zeitpunct der Elektricität an,
in welchem sie die meiste Zunahme erhalten.
Denn in dem Jahre 1745. am 11. October
erfande Kleist, ein Canonicus zu Kaminieck,
außer vielen andern Dingen, auch den elektrischen Schlag; und diese Beobachtung theilte
er am 4. November dem Lieberkühn, und am
28 des nemlichen Monats dem Paul Swiet-
lick, einem Danziger Prediger mit. Dieser
letztere las den Brief des Kleist in der Danziger gelehrten Societät öffentlich ab. Der
Hauptinnhalt der Kleistischen Erfindung be-
stund darinn: daß ein eiserner Nagel in einer
gläsernen Flasche in Quecksilber oder Weingeist
niedergelassen und elektrisirt wurde, worauf er
Funken und heftige Schläge von sich gegeben.
Allamann, ein Leidenscher Professor, wußte von
der Erfindung Kleists nichts, und indem er von
ohngefähr ein mit Wasser gefülltes Glas in der
Hand hielte, in welchem ein Eisendrath stack,
der von dem elektrisirten Conductor herabhieng,
und mit der andern Hand einen Funcken aus
dem Eisendrath herausziehet, so erhielt er dadurch

durch einen heftigen Schlag. Von da an zeigten viele Versuche, daß das böhmische Glas die
Elektricität sehr vermehre. Nach Verlauf einiger Täge nahm Muschenbroeck eine Untersuchung vor, und zwar mit einer Glaskugel,
die fünf Zoll breit, und mit Wasser gefüllt
war, und empfand davon einen so heftigen
Schlag, daß er den Reaumur, in dem Mo-
nath Jenner des Jahres 1746. schrieb, er habe
den Donner durch die Kunst nachgemacht, allein der größte Preis würde ihn nicht bewegen
können, diesen gefährlichen Versuch zu wieder-
hohlen Dem ohngeachtet aber zweifle ich sehr,
ob dieser berühmte Mann den elektrischen Schlag
so stark empfunden, als man ihn heut zu Tag,
nach so vielen Entdeckungen, hervorbringen
kann. Allamann hatte einige Tage spater seine Erfindung in einem Brief an Nollet berichtet. S. Act. Societ. Dantisc. T. 2. p. 427-
429. Trembley epistola in Philosoph.
Transact. n. 478. art. 11.

Die bisher fast verachtete Elektricität wurde durch diese Beobachtungen immer mehr berühmt, und man fieng an verschiedene Hypothesen über dieselbe zu erdenken. Gray war
der erste welcher eine Aehnlichkeit zwischen der
Elektricität und dem Blitz entdeckte. S. Philos. Transact. no. 436. an. 1735. Noch
genauer wurde selbige bewiesen von Muschen-

D 5   broeck,

broeck, Winkler (Stärke der Elektricität 1746)
und Elvius (in den Abhandl. der Schwed.
Akademie 1747. p. 167.) Franklin aber in
seinen vierten Brief vom Jahre 1747. oder
1748. behauptete vor ganz gewiß, daß der Bliz
aus einem elekrischen Feuer entstehe, und glaubte durch diese Ursache selbigen am besten erklären zu können. Etwas spaterhin zeigte er die
Methode die Elektricität der Wolken zu erforschen. In dem Jahre 1748. brachte Nollet in
seinem Leçons de Physique T. 4. p. 344.
etwas über den Bliz, als einem Phänomen der
Elektricität vor. Zu Bourdeaux kam in tem
Jahre 1750. eine Abhandlung zum Vorschein
unter folgendem Titel: Sur le rapport, qui
se trouve entre les phénoménes du
tonnerre & ceux de l'électricité, qui
a remporté le prix au jugement de
l'Academie Royale des belles lettres,
sciences & arts, par Mr. Barbaret, Me-
decin à Dijon. Dieser Schriftsteller zeigt
daß der Bliz viele Dinge mit der Elektricität
gemein habe; denn bey beyden nehme man Licht,
Feuer, sehr geschwinde Würkungen, Schmelzung der Metalle, den Tod der Thiere ohne
sichtbare Verletzung, und endlich einen Schwe-
felgeruch wahr. Auf diese Art wurde nach und
nach jene Hypothese von der elektrischen Natur des Blizes immer mehr vervollkommnet,
bis endlich Dalibard dasjenige, was Franklin
vor-

vorgeſchlagen, in der That ins Werk ſetzte und bekräftigte.

n) Hieraus ſiehet man, daß die Affinität des Blizes mit der Elektricität, welche man anfänglich bloß gemuthmaſſet hatte, durch Verſuche erwieſen worden. Und da dieſes nach Wunſch ausſchlug, ſo giengen die Naturforſcher noch weiter, und lieſſen nichts unverſucht, um die Natur des Blizes, den man bisher nicht kannte, genauer zu unterſuchen, und ihren Verſuchen zu unterwerfen.

> More giganteo virtus electrica ſcan-
> dit,
> Audax turba ſimul nunc elementa
> mouet.
> Elicit è grauibus ſulphur quaſi nubi-
> bus ad ſe
> Ignibus vt cœlum reddat inerme
> ſuis.

Von Anfange aber, wie es bey neuen SaChen zu geſchehen pflegt, haben hier Unvorſichtigkeit und Unerfahrenheit viele Beſchwerde veranlaßt; ſo daß einer von dieſen Naturſerſchern, und zwar der gelehrteſte, bey dieſen gefährlichen Verſuchen ſeinen Tod einerndete.

Man hatte ſchon hin und wieder eiſerne ſpize Stangen errichtet, aus welchen Monniere

re in der Stadt St. Germain en Laye, und
Nollet zu Paris in dem königlichen Pallaste,
gleich bey dem ersten Versuche, bey einem ent-
standenen Gewitter, Funken herausgelockt.
Das nemliche verrichtete auch Romas; und
eben so glücklich liefen auch die Versuche zu
Brüssel und in Engelland ab ; noch anderer
z. B. Bos in Wittenberg, Winkler in Leipzig,
Mylius und Ludolph in Berlin nicht zu geden-
ken. In dem Jahre 1752. am 27. Juli stellte Verati zu Bononien auf der Sternwarte in
Gesellschaft anderer Versuche an. Und da einer von ihnen die eiserne Stange mit der Hand
faßte, ein anderer die Kette angriff, und endlich ein dritter auf einem seidenen Stuhle saß,
so sahen alle in einem Augenblick eine feurige
Kugel, die einen Knall von sich gab, welche die
Leute in der Stadt für einen Donner hielten.
Zu gleicher Zeit bekam der erste auf der rechten
Seite bis zu dem äussersten seines Fußes, der
andere auf den Aermen und auf der Brust,
und der dritte an den Aermen und dem einen
Fuß eine Erschütterung mit einem heftigen
Schmerz. Zu Florenz hatte Delagarde folgende Versuche angestellt. Bey einem Gewitter
erschütterte er eine kleine Kette, woran eine kupferne Kugel hieng, in der Entfernung von
der grossen Kette der Gewitterstange, daß Funken aus der Stange herausfuhren : dadurch
fiel plözlich ein Bliz, nicht aus der Luft, sondern

dern aus der Stange, welcher die ganze Kette
mit Feuer umgab, und wie eine Rakete plaßte.
In dem nemlichen Augenblicke erhielte Delagarde eine solche Erschütterung, daß er die
kleine Kette aus den Händen fallen ließ, und
für Schrecken und Schmerzen anfieng zu zittern.   In dem Jahre 1752. richtete Franklin
auf der Spiße seines Hauses eine Stange auf,
woran Glocken angebracht waren, die bey Annäherung eines Gewitters zu läuten anfiengen.
In dem nemlichen Jahre erfande er auch den
elektrischen Drachen, dessen sich nachher auch
Romas und Lining bedienet haben.   In dem
Jahre 1753. verfertigte Mazeas auf dem Schloß
des Marschalls von Noailles einen elektrischen
Apparat, womit er verschiedene Beobachtungen
gemacht, die ich nachher erzählen werde. Auch
Canton in London bekräftigte die elektrische
Natur des Blizes.   Zu Petersburg fieng Richmann in dem Jahre 1751. seine Versuche an,
hauptsächlich in der Absicht, um das Maas
und Verhältniß der künstlichen und natürlichen
Elektricität zu finden.   Er sahe in dem Jahre
1752. am 9. August die Elektricität an seinen Instrumenten sich so anhäuffen, daß er davon, gleichsam wie von einer Kälte, einen
Schauer bekam, und ihm vorkam, als wenn
Funken längst seines Armes emporstiegen. Am
31. May im Jahre 1753. brach das elektrische Feuer mit einem solchen Knall hervor, daß
man

man es im dritten Zimmer hören konnte. Aber
am 6. August trug dieser rechtschaffene Mann
bey seinen Versuchen den Tod davon, und die=
ses Beyspiel schrekte viele ab ihre Versuche fort=
zusetzen. Ich werde unten noch mehr davon
sprechen.

Eine umständlichere Erzählung von allem,
was ich bisher gesagt habe, findet man in Nol=
let lettres sur l'electricité, ferner in den
physicalischen Belustigungen, und den Philos.
Transact. vom Jahre 1752. und 1753.

In Schweden wurde die Elektricität des
Blizes durch eigene Erfahrungen zuerst in dem
Jahre 1755. bestättiget. Am 29. Juli dieses
Jahres sahe Ferner zu Upsal die Gewitter=
stange auf der Sternwarte zum erstenmal Zei=
chen der Elektricität von sich geben; damals war
ich Zeuge davon.

o) Nollet legt diese Zweifel in seinem sie=
benten Brief vor. Auch verspricht er in seinem
sechsten Briefe Beweise, wodurch die ableiten=
de Kraft der Gewitterstangen bezweiffelt, und
also die ganze Franklinsche Hypothese wider=
legt wird. Ohngeachtet ich nun nicht läugnen
will, daß Franklin zu viel von der Elektricität
halte, so stimmt doch seine Meinung mit der
Wahrheit überein. Es ist aber wahrscheinlich,

daß

daß die Gewitterstangen um so besser würken
werden, je grösser der Umkreis des elektrischen
Zirkels ist.   Es seye ABC der Durchmesser
des Conductors, dessen Atmosphäre durch das
Elektrisiren sich bis in F. ausgedehnt; die Stange wird also nichts in sich nehmen können, woferne sie nicht F berührt hat ; wenn aber die
Atmosphäre sich in E concentrirt und zurückge-
zogen, so wird die Stange ebenfalls nichts annehmen können, und so ferner.   In den äussern Schichten der Atmosphäre ist die Dichte
geringer, daraus folgt aber, daß eine geringere
Quantität elektrischer Materie in die Stange
übergehe, und bey dem Eintritt kein Licht er-
scheinet, welches aber sogleich sichtbar wird, wenn
die Stange tiefer in der elektrischen Materie
stehet.

p.) Wenn man nun die Würkungen des
Blizes mit den Erscheinungen der künstlichen
Elektricität vergleicht, so wird man sich leicht
überreden, daß beyde Kräfte weit weniger von
einander unterschieden seyn, als man bisher
geglaubt.   Ich will dieses hier besonders untersuchen.

1) Der Bliz zündet die Bäume an, und
verbrennt selbige, obgleich selten, wenn sie
grün und gesund sind. (S. g. aa.)

Só

So kann man auch durch die Elektricität verschiedene brennbare Körper anzünden, unter andern auch das Schießpulver. Und es ist nicht zu bezweiflen, daß durch eine sehr vermehrte Elektricität harzige Hölzer angezündet werden können, zumal wenn sie mit Pech überschmieret, oder mit dürrem brennbaren Moose bedeckt sind. In den Säften grüner Bäume sind immer in Rücksicht ihrer besondern Art, mehr oder weniger brennbare Theile vorhanden. Ich weiß den Namen und das Geschlecht nicht desjenigen Baums, der vom Bliz verbrannt worden, und dessen ich oben bey der Nummer g erwähnte. Ich zweifle aber nicht, daß der elektrische Schlag wenn er noch zehen und mehrmal stärker, als er bisher durch die Kunst nachgemacht werden konnte, fast eben dasjenige bewerckstelligen werde, was der Bliz veranlaßt, sowohl in Rücksicht der Gewalt und des Feuers, als auch durch den Widerstand des Baums selbst, wodurch nothwendig die Holzfasern an dem Orte, welchen der Schlag träfe, verbrennen müßten.

2) Der Bliz schmelzet Gläser und Eisen, doch nur selten, ausser etwa in demjenigen Theile, welcher am dünnsten ist. aa) Wilke hat durch die Elektricität kleine eiserne Kugeln geschmolzen, daß sie unter sich zusammenleimten, indem er auf dieselbe, gleich als einem Conductor, das elektrische Feuer geleitet. Wenn man

man aber das Eisen durch dieses Kunststück
schmelzen kann, so ist kein Zweifel, daß man
auch andere Metalle, und das Glas selbst,
welche zur Schmelzung ein geringeres Feuer
nöthig haben, auf die nemliche Weise schmelzen
könne.

3) Der Bliz spaltet die Bäume, selten
aber spaltet er die Bretter in die Queer. (S.
d.) Eine gläserne Röhre, die einen halben Zoll
dick und mit Schießpulver angefüllt ist, wird,
wenn man einen elektrischen Funcken auf sie
fallen läßt, in unzählige Stücke springen.
Das nemliche geschiehet, wenn man hierzu
eine gläserne Röhre gebraucht, die mit Wasser
oder Quecksilber angefüllt ist. Die Ursache
hiervon ist die plözliche Entwickelung der Dünste aus der eingeschlossenen Materie, welche
mit grossem Ungestümm die Wände der Röhre
zerbrechen. Eben dieses veranlaßt auch der
Andrang der ausgedehnten Dünste, wenn grüne und gesunde Bäume vom Bliz getroffen
bersten und splittern: hingegen trockne Hölzer,
wie ich in der Folge zeigen werde, springen durch
den Schlag.

4) Der Bliz durchbohrt Mauren und
Steine. Ich habe bey der Nummer c) erinnert, daß die elektrische Materie mit einer unglaublichen Geschwindigkeit fortlauffe,

und einen Raum von neunhundert Ellen in einer sehr kurzen, und schlechterdings nicht zu bestimmenden Zeit durchlauffe. Ihre Gewalt ist daher so stark, daß sie fünf Buch Papier in einem Schlag durchlöchert. Gesezt aber diese Kraft würde so vermehret, daß sie funfzig Buch durchbohrte, so dürfte man kaum zweiflen, daß sie bey einer solchen Stärke, noch besser als der Bliz Mauren, Steine und Wände durchbohren und zerstöhren würde. Man siehet daß die aus Ziegelsteine erbaute Gewölber durch die blosse Veränderung der Luftreissen und brechen: denn jemehr sich die obere Luft verdünnet, um so mehr wird die untere widerstehen; daher ist kein Wunder, wenn nachher ein Gewölb an dem untern Theil durch eine geringere Gewalt bricht. Fast auf ähnliche Art, wenn die Luft unter dem Gewölb sehr ausgedehnet wird, und eine grössere Schnellkraft erlangt, so muß nothwendig das Gleichgewicht der äussern Luft gehoben werden, und kann also dem Druck nicht widerstehen. Uebrigens darf man nicht zweiflen, daß die in grösserer oder geringerer Menge angehäufte Dünste durch ihre plözliche Ausdehnung die Gewalt der Luft um vieles vermehren.

7) Der Bliz verstümmelt, verlezt oder födet die Thiere. (Siehe Anmerkung h. i.) Francklin tödete mit einem elektrischen Schlag

von

von vier Leydenschen Flaschen Welschehühner,
ohngeachtet die Flaschen nicht vollkommen geladen waren. Unbekannt ist es mir, ob jemand
dergleichen Versuche an größern Thieren angestellt. Francklin selbst erlitte widerwillen den
Schlag zweyer Flaschen, wovon er ein Zittern
an den obern Theilen, Geschwulst der Hände,
Steifigkeit des Halses und des einen Arms,
einen siebentägigen Brustschmerz, und gleich
zu Anfange Taubheit erlitte. (S. Franklins
Briefe, von Wilke herausgegeben. S. 199.)
Auf die nemliche Weise, wie Francklin, erlitte Wilke einen Schlag, und fiel betäubt nieder, bald darauf empfande er eine sonderbare
kaum zu beschreibende Empfindung, die den
ganzen Körper einnahm, Brennen des Haupts,
und zu lezt Blattern am Fuße. (S. Franck-
lins Briefe S. 311.) Wenn ich nun alles
dieses zusammenhalte, so kömmt es mir sehr
wahrscheinlich vor, daß ein sehr stark vermehr-
ter elektrischer Schlag einen Menschen töden
könne. Dabey ist auch keine grössere Gewalt
nothwendig, um sechzig oder siebenzig Thiere
mit einem Schlag zu töden, wie dieses zuweilen durch den Bliz geschiehet. Denn sobald
ein Thier stirbt, so wird keins von allen übrigen, die in dem Zirkel der elektrischen Ableitung
befindlich sind, dem Tode entrinnen.

Aus

Aus diesem allen kann man nun den Schluß machen, daß der Bliz niemals zehnfach stärker seye als die künstliche Elektricität, oft aber kaum selbige an Stärke übertreffe. Bey dieser Vergleichung habe ich aber übrigens die heftigste Würckungen des Blizes aufgestellt, doch so, daß ich dabey nicht auf die hinzugekommene Gewalt der Wirbelwinde mitgezählt, die sonsten auch ohne Bliz mit der größten Gewalt wüten.

q) Mit den elektrischen Funcken ist eine starke Explosion und Knall verbunden. Wenn man Gold auf Glas einbrennen will, so muß man das dünne Metall-Blätgen zwischen zwey Glastäfelchen so legen, daß seine zwey Enden gegen einander ein wenig hervorragen. Nachher legt man dieses Goldblatt in den Kreis der elektrischen Ableitung. Ist nun das Goldblatt in der Mitte zerrissen, oder mit Fleiß durchgeschnitten, und man zwingt die elektrische Materie in Gestalt von Funcken durch diesen Zwischenraum zugehen, so wird das Glas durch den elektrischen Schlag an der entblößten Stelle durchbohrt und zerbrochen werden. S. Wilkii animadu. ad Francklin epist. P. 299.

Wilke der viele Verdienste, um die Elektricität besizt, und daher alles Lob verdient, hat einen anderen Versuch erdacht, und mir selbigen

in

in einem Brief vom 7 Juni 1763 mitgetheilt:
Seine eigene Worte sind folgende: Daß der
mit den elektrischen Funcken verbundene Knall
von der Explosion und Dünnheit der ausgedehnten Luft herrühre, habe ich an folgendem Versuch erkannt. Ich brachte einen elektrischen Funcken auf eine kleine Glaskugel,
zwischen zwey andern Glaskugeln die mit
einer dünnen ins Wasser herabgehenden
Röhre bevestiget waren. Dadurch sahe ich
daß die Luft ausgetrieben wurde, und an deren Statt Wasser eintrat. Ich weiß aber nicht
ob man diese Verdünnung der Luft der Wärme, oder einer gewissen explodirenden Materie
zuschreiben müsse; nur soviel sehe ich ein, daß
dabey sich keine elastische Luft erzeuge, und auch
nicht verschlungen werde. "

Aus dem was ich hier gesagt, kann man
die verschiedene Erscheinungen des Blizes erklären. Es ist bekannt, daß der Bliz oft mit
Stürmen und Wirbelwinden verbunden seye;
und dieses ist kein Wunder. Denn wenn z. B.
drei Wolken A B C in der Entfernung von einander stehen, daß ein Bliz zwischen A und B,
zwischen B und C entstehet, so wird ein doppel-
ter Knall und eine doppelte Explosion entstehen;
dadurch wird aber das Gleichgewicht der Atmosphäre an zweien Orten aufgehoben, und
durch den Andrang der Luft entstehen heftige
Wirbelwinde. Daraus kann man aber leicht

P 3   ab-

abnehmen, was einzele, und was mehrere
auszurichten vermögen.

Durch die Stärke des Blizes brechen zuweilen
die Fußböden in den Zimmern und die Glas-
fenster; welches ohne Zweiffel von einer plözlichen Ausdehnung der Luft herrührt.

Auch die Kleider werden öfters vom Bliz
zerrissen und weit weggeworffen. So weiß man
von dem Beyspiel des Brooks, welchen der
Bliz mit dem Pferde, worauf er ritte, traf,
daß seine Kleider und der Sattel, theils zerrissen und weit weggeschläudert, theils verbrannt
worden, nur die Handschuhe allein blieben unversehrt. (S. Anmerk. h.) Die wollene Mü-
ze einer Frau, die in einer Tabaks-Scheuer
vom Bliz getroffen worden, wurde klein zerrissen, und die Stüke davon bis an die oberste
Decke geworffen. Bey dem Kinde, von welchem ich oben erzählte, daß es nicht weit von
seinem Vater durch einen Bliz getödet worden,
(i) waren die Hosen und Strümpfe zerrissen
und viele Ellen weit weggeworffen. Mehrere
Beyspiele übergehe ich iezo; nur das will ich
noch hinzufügen, daß diese besondere Würckungen des Blizes von der Explosion und den dabey
vorhandenen Winden entstehen.

r) Die alte Schriftsteller erzählen an vielen Orten, daß man an den Spiesen und Pfeilen der Soldaten Flammen gesehen. So sagt Plinius hist. nat. lib. 2. c. 37. Ich sahe des Nachts auf den Pfeilen der Soldaten gleichsam einen Bliz schweben. Seneca quæst. nat. c. 1. „Als der Gylippus nach Syracus wollte, so schiene es, als wenn ein Stern über seiner Lanze schwebte. In dem Lager der Römer sahe man die Pfeile brennen, weil Feuer auf dieselbe vom Himmel gefallen war. Und Cäsar in der Beschreibung des Africanischen Kriegs c. 6. sagt: Um diese Zeit wiederfuhr der Armee des Cäsars eine unerhörte Sache: nemlich nach dem Zeichen der Nachtwache, ohngefähr um die zweite Nachtwache entstand plözlich ein Regen mit einem Hagel; und in der nemlichen Nacht brannten von selbst die Spizen der Pfeile von der fünften Legion.

s) Die Flammen so man zuweilen auf den Mastbäumen der Schiffe wahrnimmt, haben verschiedene Namen. Die Franzosen und Spanier nennen sie Feu St. Elme, Fuego de S. Elmo die Italiener Fuoco di S. Pedro s. Nicolao, die Portugiesen Corpo santo, die Holländer Vrede-Vyer, die Engländer Come-at-Sands. Fünfe oder mehrere dergleichen Flammen nennen die Portugiesen Corona de nostra Sen-

P 4   ho-

hora. S. Hartmann a. O. und Philof.
Transact vol. 48.

Plinius in seiner Naturhistorie B. 2. Kap.
37. beschreibt ganz genau die Gattung dieser
Feuer, doch macht er dabey einige fremde
Einmischungen. Die Meinung der Alten, daß
diese Flammen den Castor und Pollux geheiligt
wären, und Sicherheit vor den Sturm vorher verkündigten, war auch nicht falsch. Denn
die Erscheinung vieler dergleichen Flammen zeigt
eine Ableitung des Blizes an, und je grösser
ihre Anzahl bey einem sanften Licht und ohne
Geräusch ist, um so weniger hat man eine
Explosion zu befürchten. S. Anmerk. q.)
Doch scheinet diese Voraussagung nicht allezeit sicher genug gewesen zu seyn: zuweilen
hat man auch andere leuchtende Körper, die
mit dem Gewitter in keiner Gemeinschaft stunden, für das Gestirn der Helena und der Zwil-
linge gehalten. So fällt z. B. die Scolopen-
dra phosphorea, eine Art leuchtender Insek-
te, zuweilen weit von dem Ufer aus der Luft
auf die Schiffe. Die Beschreibung und Ab-
bildung dieses Thiers hat Braad an die königliche Schwedische Akademie geschickt. Zu
dieser Art gehört vielleicht jenes Gestirn der
Helena, welches die Alten für schädlich und
unglücklich hielten, moferne man dieses nicht
lieber

lieber einer unvollkomenen Ableitung des Blizes zuschreiben will.

Die beste Beschreibung von all diesem Feuer hat Forbin geliefert. Denn da einstens über
dem Schiffe, welches er commandirte, eine sehr
schwarze Gewitterwolcke stand, so ließ er die
Segel einziehen, und sahe darauf augenblicklich über dreißig kleine Feuer auf den Se-
gelstangen und Mastbäumen leuchten. Das
größte war auf dem mittlern Mast. Der
Matrose sollte auf seinen Befehl das Feuer
wegschaffen, und als er dieserwegen den Mastbaum hinaufgeklettert war, hörte er einen Knall
wie von Schießpulver, das Feuer aber flog bis
auf die Spize des Masts, und ließ sich schlechterdings nicht wegnehmen. Kurz darauf gaben
die Wolken einen starken Regen von sich, und
der Himmel wurde wieder heiter. Es ist aber
übrigens nicht schwer sich eine rechte Meinung
über dieses Meer-Feuer zu bilden, wenn man
dasjenige Feuer damit in Vergleichung stellt,
welches auf den elektrisirten Spizen zum Vorschein kommt.

t) Eben dieses gilt aber auch von den leuch-
tenden Flammen auf den Thürmen. Zu
Plauzat in Auvergne ist auf der Spize des
Thurms ein eisernes Kreuz befindlich, das mit
keiner Farbe oder Fürnuß angestrichen, und

P 5

dabey

dabey sehr spizige, wie Lilien gestaltete Aerme
hat. Wenn sich nun diesem Kreuz ein Bliz
nahet, so brennen auf demselben drei Flammen, die rund, spiz und regenbogenfarbig sind;
sie dauren gewöhnlich anderthalb Stunden
und länger, und werden von dem Platzregen
nicht vertrieben. S. Hamburg. Magazin
B. 9. S. 359.

Lesser, ein Pfarrer zu Nordhausen erzählt,
daß am 2 Februar im Jahre 1749 gegen sechs
Uhr Abends, bey einem starken Hagel und
Schnee, auf dem S. Peters-Thurm zehen
spize Eisen mit hellen Flammen geleuchtet, und
eines von denselben, welches gliedrig war, habe
drei Flammen getragen. Mit der Hand kon-
te man diese Flammen auslöschen, sobald man
aber solche wieder entfernt hatte, so kehrten
sie wieder zurück; auch verschwanden sie, wenn
iemand näher tratt und den Wind abhielte,
und leuchteten von neuem, wenn die Person
sich entfernte. Er fügte ausserdem noch bey,
daß dieses blaße Licht eine viertel Stunde ge-
dauert, um das Eisen herum bläulich, und
anderthalb Zoll lang und einen halben breit
gewesen. Im übrigen war es unbeweglich,
und gab ein Gesumse von sich, wie eine Mü-
cke in einem Spinnen-Gewebe. Eben dieses
Sumsen hörte man auch im Jahre 1747
bey Tage, und zu einer anderen Zeit sahe
man

man jenes gliedrige Eisen bey einem Gewitter auch des Nachts leuchten.

Winkler erzählet, daß er eine ähnliche Erscheinung zu Naumburg wahrgenommen. Nicht weit von dieser Stadt ist ein Schloß auf einem Hügel gelegen, und mit doppelten Thürnen versehen. Seit den allerältesten Zeiten hat man wahrgenommen, daß auf einem dieser Thürne, wenn es donnert, oben auf der Spize eine Flamme leuchtet, die bey Annäherung des Blizes zunimmt, und bey seiner Entfernung wieder abnimmt.

Diese bisher beschriebene Feuer sind würcklich electrisch, und zeigen den Weeg der electrischen Materie. Daraus folgt aber offenbar, daß die Spizen, an welchen man dergleiche Flammen wahrnimmt, die elektrische Materie anziehen und ableiten können; daß sie aber dieses nicht hinlänglich thun, will ich in kurzem beweisen.

u) Diese Flammen sichern gewißermasen vor dem Bliz. Denn sie konnten nicht entstehen, wofern bey ihrer Erscheinung kein Weg vorhanden, auf welchem die elektrische Materie in die Erde kommen, oder aus derselben weggeführt werden konnte. Diese Behauptung stimmt mit der Erfahrung überein. Die Bürger zu Plauzat bezeugen, daß der Bliz ihre

Stadt

Stadt allezeit verschont habe, wenn man ie-
nes Feuer auf der Thurnspize leuchten gesehen; und eben dieses sagen auch die Nord-
häuser und Naumburger. Auf dem Naumburger Schloß trug sich vor einigen Jahren
etwas sonderbares zu. Der Thurn wurde
oben um sechs Schuhe höher gebaut, und
eine neue Kugel auf die Spize gesezt. Nach
Vollendung dieser Arbeit fiel den nächstfolgen-
den Abend ein Bliz in den Thurn, da man
zuvor niemahls dergleichen gesehen. Das nemliche geschahe nachher oefters, so ofte sich eine
Gewitterwolcke näherte; dennoch aber erfolgte
kein Brand. Man siehet leicht, daß durch
die neue Structur die Ableitung des Blizes
einigermaßen verhindert worden. Das Schiff
des Waddels wurde dennoch vom Bliz getroffen ohngeachtet auf den Mastbäumen kleine Feuer zu sehen waren. Und auf dem St. Pe-
ters Thurn zu Berlin sahe man eine kleine
Flamme, ehe er von dem Bliz angezündet
worden. Im übrigen ist es aber nicht schwer,
alles dieses durch Beyspiele aus der künstlichen Elektricität zu erklären. Denn wenn
man einer mit Elektricität beladenen Flasche
einen abführenden Körper von weitem nähert,
so wird sich iene ganz ruhig ausleeren, geschiehet aber die Annährung stärker, so entstehet
ein Bliz, worauf gleich ein Schlag erfolgt.

x) Der

x). Der Bliz lauft längst den metallischen Körpern, nimmt auch keinen andern Weeg, so lange er ohne unterbrochen vestes Metall antrift. Von den unzähligen Beyspielen, womit ich dieses erweisen könte, will ich nur eins aus dem Brief des Francklin an den Collinson anführen. Zu Newburi in Neuengelland ist ein hölzerner Thurn, viereckig, und von dem Fundament bis an die Stelle wo die Glocken hängen siebenzig Schuhe hoch. Von da lauft der Thurn rund und spizig zu, und ist von den Glocken bis zur obersten Spize ebenfals siebenzig Schuhe hoch. Von dem Hammer, womit die Glocken geschlagen werden, erstreckt sich ein eiserner Drath, der durch ein Loch in dem Fußboden nach der druntergelegenen Decke gehet, und von da unter der Decke in die Queer neben den Wänden zu, der Uhre, welche noch zwanzig Schritte tiefer als die Glocken ist, hinläuft. In dem Jahre 1755 fiel der obere Thurn von einem Bliz zusammen, die Wände wurden überall aus einander geworffen, und alles oberhalb den Glocken zerstöhret. Von dem Hammer lief der Bliz an dem eisernen Drath bis zu der Uhre, und ließ hier, ausser der Erweiterung des Lochs, wodurch der Drath gieng, weiter keine Spuren von sich zurück. Hierauf stürzte er sich von der Extremität des Draths nach dem Fundament des Gebäudes, wütete hier viel stärker, indem er Steine aus

den

den innern Wänden losgerissen und über drey=
ßig Schuhe weit geworffen. Der Drath schmolz
zugleich, und nur kleine zwey Zoll lange Stüke
blieben bey dem Hammer, und eben soviel bey
der Uhre zurück: und in dem Mauerwerck der
Wand, wo der Faden durchgegangen, war
ein schwarzer drei bis vier Zoll breiter Fleck.
An diesem Beyspiel siehet man also, daß der
dünne obgleich geschmolzene Drath den Bliz ab=
geführet habe, der oberwärts den fünf und drei=
ßig Schuh hohen Thurn zerstöhret, und nach=
her bey dem Ende des Eisendraths gleichsam von
neuem gewütet habe.

Ich füge hier noch eine andere Beobach=
tung aus den Actis Massiliens. 1775. T.
2. p. 192. bey: Der Bliz fiel auf eine Lam=
pe, die an einem bedeckten Gange befindlich, von
da stieß er die Mauer durch und kam mit sol=
cher Gewalt in den bedeckten Gang, daß davon
das nächste Fenster und die Pfosten zerbrachen.
Hierauf fiel er durch einen glücklichen Zufall
auf einen Meßingfaden, welcher mit den Schel=
len aller Zimmer des ganzen Hauses in Ver=
bindung stand. Nachdem der vordere Theil
des Fadens geschmolzen, so theilte sich der Bliz
zweyfach längst dem Drath aller Schellen, die
er hin und wieder verbrannte, und auf der ei=
nen Seite nach der Dachrinne, und auf der
andern nach dem Kamin fortlief, und endlich

aus

dem Hause, ohne weitern Schaden anzustiften,
tratt. Hieraus ist auch ohne meine Erinnerung klar, daß der Eisendrath das Haus vor
der Gefahr gesichert. Mehrere ähnliche Beyspiele findet man in dem Hamburger Magazin.

y) Der Blitz wird auch von Feuchtigkeiten
abgeleitet; dieses siehet man an den vorhin er-
zählten Beyspiele der Kirche zu Marienstad.
Denn ich sagte, daß der Bliz sich von dem Thurne gegen die Wand, welche damals gemauert
wurde, sich gewandt. Die Arbeitsleute wurden zur Erde niedergeworfen, und einem derselben die Hände verrannt. Nachdem der noch
feuchte Kalch bis zu dem eisernen Dach, (vielleicht weil die Feuchtigkeiten plözlich in Dünste
verwandelt worden,) von der Wand losgerissen worden, so stieg der Bliz an der mitternächtlichen Wand nieder, wie man solches nachher aus verschiedenen Zeichen abnehmen konnte;
denn die Pfosten waren zermalt, an den Fen-
stern waren einige Spuren zurückgeblieben, und
der Rand einer verguldeten Grabschrift war
von dem Fenster bis an den Boden verbrannt
und fast schwarz.

z) Diese heilsame Erfindung aber, wodurch
man die Gefahr des Blizes abwendet, gab selbst
in ihrem Vaterland Amerika Gelegenheit zu vielem Streit, und man achtete die Einwendung
nicht,

nicht, daß man funfzig Häuſer mit dem beſten Erfolg mit Blizableiter verſehen.   Der Amerikaner Kühn erzählte mir, als er zu Upſal Medicin ſtudierte, daß dieſe neue Erfindung von den Kanzeln zu Philadelphia von einigen ſeye empfohlen, von andern getadelt und geſchimpft worden.   Die Vertheidiger der Ableiter citiren jenen Spruch des Salomons: „ein Kluger ſiehet die Gefahr voraus und verbirgt ſich; Narren aber begeben ſich thöricht in Gefahr, und werden von ihr unterdrückt." Der Erfolg hat aber zulezt die Beſchuldigung der Gegner widerlegt.   Denn Franklin bezeuget, daß der Bliz, der ehedem zu Philadelphia vielen Schaden geſtiftet, nach Aufrichtung der Wetterableiter allezeit unſchädlich geweſen, und da er einſtens auf die Spize eines Hauſes gefallen, ſo ſeye er gleich ohne allen Schaden abgeleitet worden, nur der metalliſche Drath des Ableiters ſeye geriſſen und geſchmolzen.

Uebrigens braucht nicht die göttliche Macht des Blizes ſich zu bedienen, um die Gottloſigkeit der Menſchen zu beſtrafen; da ſie ſich der ganzen Natur, als einem Inſtrument von Strafen bedienen kann, um die gottloſe Menſchen zu züchtigen; ſehr wahr iſt daher was Ovidius ſagt:

Si quoties homines peccant, ſua fulmina mittat

Jup-

Jupiter, exiguo tempore inermis erit.

Der Bliz ist kein Werkzeug der göttlichen Strafe, sondern seiner Wohlthaten, womit Gott das menschliche Geschlecht überhäuft. Er ist auf viele Weise nüzlich und dienlich, welches man bisher noch nicht vollkommen hat einge= sehen. Ich will hier einige offenbahre Vor= theile vom Bliz anführen.

1) Die Luft wird vom Bliz gereinigt. Denn der Dunstkreis der Erde verschlingt ei= ne ungeheure Menge Dünste aus den irrdi= schen Körpern, besonders im Sommer, und da= her ist er mit flüchtigem Alkali, mit Vitriol= säure, mit Geistern, ätherischen Oelen und Schwefel vermischt. Wenn aber diese Dinge in grosser Menge in der Luft vorhanden, so sind sie der Lunge schädlich, und es ist daher kein Wunder, daß oft wegen dieser Ursache durch die große Hize und Müdigkeit der menschliche Körper ermüdet wird, ohngeachtet das Thermometer einen mäßi= gen Grad der Wärme anzeigt. Diese Angst ist derjenigen Empfindung von Schwachheit ähn= lich, welche man gewahr wird, wenn man die Kugel der Electrisirmaschiene bey dem Umdre= hen mit der Hand berührt. Nun aber verzehrt und zerstöhret der Bliz die in der Luft zerstreu= te verbrennliche Dünste, und reiniget dadurch

die Luft.   Daher fühlt man sich nach einem Gewitter ausserordentlich erquickt.

2) Der Bliz hebt die elektrische Wolken in die Höhe.   Denn sobald die Atmosphäre der Gewitterwolke die Erde zunächst berührt, so wird sie mit den dazwischen befindlichen Dünsten elektrisirt; doch so daß sie eine der Wolke entgegen gesetzte Elektricität erlangt.   Auch wo die Wolken hinziehen, sowohl durch die Repulsion der Erde, als durch die Attraction der Wolcken, werden die Dünste überall in die Höhe getrieben.

3) Der Bliz sammlet Plazregen und läßt sie auf die Erde nieder.   Sehr oft wird bey troknem Wetter im Sommer ein Regen, den man nach dem Barometer kaum zu erwarten hätte, durch Hülfe der elektrischen Wolken aus der Luft gepreßt.   Denn wenn die in der Atmosphäre gesammlete wäßrige Dünste von einer elektrischen Wolke von ferne angezogen werden, so entstehet sogleich ein Bliz, der auf die Erde niederfällt. Das nemliche geschiehet, wenn zwey Wolcken, deren die eine elektrisch und die andere nicht elektrisch ist, oder auch mit einer entgegengesezten Elektricität beladen, sich einander sehr nahen.   Die gewaltsame Bewegung der Luft und der Wolcken, die allezeit mit dem Bliz verbunden ist, macht aber

daß

daß die Dünste als Regentropfen, oder als
ſtarke Plaʒregen niederfallen.

Es iſt wahrſcheinlich, daß die Elektricität
wechſelsweiſe aus der Luft in die Erde, und
aus dieſer wiederum in die Luft zu und abgehe,
Dieſes verſchaft vielen Nuʒen und Vortheile
um den Wachsthum der Pflanʒen ʒu befördern,
indem man weiß daß die Elektricität daʒu auſ-
ſerordentlich behülflich iſt.

aa) Gewöhnlich pflegt man eine ʒweyfache
Art von Bliʒen anʒunehmen: eine nennt
man die warme und die andere die kalte Art.
Warme oder heiſſe Bliʒe wären diejenige, welche brennbare Materien anʒünden und verbrennen; kalte aber, bey welchen dieſe Würkung
fehlet. In dem künftigen werde ich noch unterſuchen, ob die Urſache, worauf dieſer Unterſchied beruhet, gegründet iſt; gegenwärtig
mag es aber genug ſeyn, wenn ich nur ſage,
daß der Bliʒ nicht überall ʒündet.

Es ſeyn A, B, C, D Körper, welche
die Elektricität leicht durchlaſſen, und nahe
bey einander ſind, D aber ſoll mit der einen
Seite eines elektriſirten Glaſes ʒuſammenhän-
gen. Wenn man nun A der andern Seite
des Glaſes nähert, ſo wird ein Funcke hervor-
ſpringen, und der Schlag durch die vier Kör-

zugleich durchgehen. - Wenn man ferner B und
B in ihrem Standort so verändert, daß die
Entfernung zwischen A und B, und zwischen
B und C, und C und D gleich werde der vorigen zwischen A und dem Glase, und man A
dem Glase nähert, so wird man ebenfalls einen
elektrischen Schlag wahrnehmen, der aber mit
drei Funcken verbunden ist, weil der ableitende
Zirkel dreifach unterbrochen worden. Legt man
aber eine gewisse brennbare Materie in die Zwischenräume der Körper, z. B. in den ersten Zwischenraum Schießpulver, in den andern ein
Goldblätgen, welches auf beyden Seiten mit
Glastäfelchen bedeckt, in den dritten eine Hand-
voll Karten-Blätter; so wird sich alsdenn das
Schießpulver entzünden, das Gold in das
Glas einbrennen, und die Karten vom elektrischen Schlag durchlöchert werden, wenn man
anders dabey gehörig zu Wercke gegangen.

Hieraus kann man die Würckung des Blizes
begreiffen. Denn gesezt A, B, C, D seyn
die Zwischenräume des Weegs, welchen der
Bliz von der Wolcke bis zur Erde niederlegt,
und in diesen Zwischenräumen läge ein trocknes
Brett, ein alter mit Pech überschmierter Bal-
cke, Erlen-Rinde und andere brennbare Materien: so wird nothwendig folgen, daß durch einen
Blizstrahl ein Brand an mehreren Orten zugleich
entstehe. Gesezt aber die Gewalt des Blizes
seye

seye zu schwach, und die brennende Materien
könnten sich wegen der Feuchtigkeit nicht entzünden, so wird sich wegen dieser Feuchtigkeit
die elektrische Materie zerstreuen und ein Bliz
entstehen, welchen man einen kalten Bliz,
nennt, und der nur dadurch schädlich wird,
daß er die ihm vorkommende Körper zerbricht.
Die gemeine Meynung aber, daß das vom
Bliz angezündete Feuer nicht leicht gelöscht werden könne, muß man so erklären, indem man
sich erinnert, daß der Bliz nur die allertrockenste Körper anzündet.

Der Bliz schmelzet Metalle und Glas.
Daher siehet man daß in den Häusern und an
dem Hausrath die Vergoldungen verbrennt und
schwarz werden: dieses tragt sich auch zuweilen
bey elektrischen Versuchen zu, denn das Gold,
welches sich in die Gläser einbrennen sollte, wird
hin und wieder in Ruß verwandelt. Allein auch
dickere metallische Körper können nicht unbeschädigt den Bliz vertragen; denn selbige schmelzen
dadurch zuweilen an ihrem Ende oder an ihren
Rändern. Doch ist es was seltenes daß ein
großes Metall-Stück ganz vom Bliz schmelze.
Das Upsaler Schloß wurde im Jahr 1760
vom Bliz getroffen, wodurch einiges Eisen-
werck glühend wurde; verschiedenes Holzwerck
fieng davon an zu brennen, die Vergoldung
am Hausgeräthe wurde schwarz, und ein gro-

Q 3 ßer

ßer Spiegel schmolz an seinen Rädern, ohne da=
bey zu springen. Wunderbar ist es, daß die
Metalle zuweilen schmelzen, ohne daß dabey
die Materie verlezt wird, welche sie umgiebt.
So sagt Plinius, hist. nat. lib. 2. cap. 51.
Gold, Kupfer und Silber schmelzen, ohne
daß der Sack, worinn sie liegen, verbrennt
wird. Die Messer, von welchen ich oben ge=
sprochen, f) waren größtentheils geschmolzen,
ihre Scheiden aber blieben unversehrt. Aehn=
liche Beyspiele werden hin und wieder von den
Schriftstellern angeführt. In dem Jahre
1739 kurz vor dem Treffen von Stuhlweissen=
burg, wurden die Säbel einer Compagnie Oe=
sterreicher Soldaten von einem Bliz innerhalb
ihrer Scheiden geschmolzen.

Diese Beobachtungen mögen wohl die Ursa=
che seyn, warum einige geglaubt, daß es kalte
gäbe. Auch waren einige Naturforscher der
Meinung, daß verschiedene Körper ohne Hize
schmelzen können; zumal wenn das Glas,
welchem das Gold durch die Elektricität einge=
brennt wird, bey dem angreiffen nicht warm ist.
Dagegen läßt sich aber einwenden, daß man
unter denen durch einen Brennspiegel concen=
trirten Sonnenstrahlen mit der Hand unbeschä=
digt hinfahren kann, wenn man solches nur
geschwinde verrichtet; ich zweifle auch nicht,
daß man dabey gar keine Wärme empfinden wür=

de,

de, wenn man die Hand so geschwind beweget könnte, als die elektrische Materie lauft. Allein daraus folgt ja nicht, daß gar keine Hize zugegen, weil man keine empfindet. Denn die Stahl-Theilchen, welche bey dem Feuerschlagen abspringen, sind würcklich geschmolzen, verliehren aber gar bald ihre Hize. Daraus folgt aber daß das Feuer, welches die Textur der Körper auflöset und zerstöhret, durch seine allzugroße Geschwindigkeit unsern Sinnen sich entziehe. Ja selbst in den Körpern, die vom Bliz getroffen, siehet man gemeiniglich Spuren eines Brands, woraus man abnehmen kann, daß nicht alle Wärme dabey gefehlet.

Es ist schwer zu sagen, woher es komme, daß das Geld oder die Schwerder schmelzen, ohne daß der Geldbeutel oder die Scheide des Schwerdts verbrenne. Die Erfahrung hat gezeigt, daß die Macht des Blizes um so heftiger seye, je mehr er Widerstand findet. Denn es ist auch ferner nicht unwahrscheinlich, daß das in dem Metall verborgene Feuer von dem Bliz soweit gebracht werde, daß es die Verbindung der Theile, besonders an der dünnsten Stelle des Metalls zerreisse, und selbiges flüßig mache. Da aber die Ursache der äussern Gewalt in einem Augenblick aufhört, und also auch der Widerstand gehoben wird, so ist es kein Wunder, wenn das Metall eben so geschwinde seine

Q 4   Festig-

Feſtigkeit wieder erlangt, als es dieſelbe verloh⸗ ren. Bley in Papier eingewikelt kann ſchmel⸗ zen, ohne das Papier zu verlezen, warum ſoll⸗ te alſo nicht ein Schwerd durch den Bliz ſchmel⸗ zen, ohne deſſen Scheide zu beſchädigen.

Die Materie des Blizes ſcheinet wenig von dem Feuer unterſchieden zu ſeyn, indem ſich bey⸗ der Würkungen gleich ſind. Daher iſt es kein Wunder, daß die Thiere mehr oder weniger vom Bliz verbrennt werden. (S. i und h.) Beſonders aber ſiehet man die Spuren des Feu⸗ ers an derjenigen Stelle, wo der Bliz ein⸗ und ausgegangen iſt. Durch die plözliche Abwechs⸗ lung der Hize und Kälte berſten die Gefäße, und das Blut ergießt ſich in das Zellgewebe, wodurch hin und wieder gelbe Flecken am Kör⸗ per entſtehen.

Man hat Beyſpiele von Menſchen, die ein innerliches Feuer lebendig verbrannt und in Aſche verwandelt. Bey dem Kühhirt, von wel⸗ chen ich oben erzählte, daß er vom Bliz verbrannt ſeye, ſcheinet eine ſolche innere Urſache zugegen geweſen zu ſeyn, welche die Gewalt des Blizes erweckte und vermehrte. (h.)

bb) Richmann war mit von den erſten, der die Verſuche des Dalibard nachmachte. Ich will den Apparat von Inſtrumenten, deſſen er
ſich

sich dabey bediente, kürzlich beschreiben. Er ließ
durch eine gläserne Flasche die an ihrem Boden
turchlöchert war eine Stange, die an dem Hals
der Flasche mit Kork umgeben war. Darauf
nahm er an dem mitternächtlichen Theile des
Dachs einen Ziegel weg, sezte die Flasche in diese
offene Stelle, wobey die Stange so emporstund,
daß sie vier bis fünf Schuhe über dem Dach
hervorragte. Das untere Ende der Stange
verband er mit einer eisernen Kette, hieng diese
leztere in Seidenfäden auf, und leitete sie so
nach seiner Studierstube. Neben dem Fenster
seiner Studierstube, gegen Mittag, sezte er auf
eine vier Schuh hohe Tafel einen elektrischen
Zeiger oder Elektrometer, aus einem Eisentret,
welches auf einem Glas, das mit Eisenfeile angefüllt war, ruhete. Von dem Brett des Zeigers hieng ein anderthalb Schuhe langer leine-
ner Faden herunter, welcher, wenn er von E-
lektricität leer war, allezeit perpendiculár, durch
den angehängten halben Gran Bley gezogen
wurde. Neben diesem Faden war ein Quadrant eines Zirkels gesezt, der in Grade getheil-
let war, und dessen Radius die Länge des Fadens und zwey Linien übertraf. Durch die
Vereinigung des Elektrometers mit der Kette
konnte man die Elektricität der Stange leicht
beobachten, indem sich der leinene Faden um so
mehr von dem Perpendicul erhob, je stärker die
Elektricität war. Durch diese Hülfsmittel ver-

Q 5   glich

glich Richmann die Elektricität der Atmosphäre
mit der künstlichen Elektricität, und sahe daß
diese stärker ware als jene; denn die künstliche
Elektricität konnte so vermehret werden, daß sie
den Faden auf 55. Grade erhob, von der at=
mosphätischen aber stieg er niemals über den drey=
sigsten.   In einigen Versuchen wurden zwey
Elektrometer gebraucht, von welchen der eine
mit der äussern, und der andere mit der innern
Fläche der Leydenschen Flasche vereinigt war.
Am 6. August im Jahre 1753. da Anzeigen von
der meteotischen Elektricität vorhanden waren,
nahm Richmann einen Elektrometer, um zu be=
obachten, wie viel Grade der Faden aufsteigen
würde.   Indem er aber die Augen dabey an=
strengte, so fiel plözlich eine kleine Flamme, in
der Größe einer Faust von dem Eisenbrett auf
sein Haupt, und schlug ihn tod nieder, mit ei=
nem Knalle wie von einer kleinen Kanone.
Der Eisendrath, welcher die Kette mit der Stan=
ge vereinigte, sprang, und seine Stücke verbrann=
ten die Kleider des dabey stehenden Sokolow,
welcher Kupferstecher auf der Petersburger A=
kademie war.   Anzumerken ist dabey, daß sie=
benzig Rubel, welche Richmann in der Tasche
hatte, nicht geschmolzen waren.   S. Winkler
Program. und Lomonosow oratio de me-
teoris vi electricitatis ortis:

Richmanni funus multa cauere ju-
bet.

Dum

Dum tangit ferrum, rapitur super æ-
thera doctor,
Ac inter Physices sidera latus erat.

Meines Erachtens war aber dieses ein Fehler bey dem Apparat des Richmanns, daß der
Bliz in das Zimmer geleitet wurde, und doch
keine Ableitung im Fall der Noth angebracht
war. Denn wäre eine ableitende Kette in der
Entfernung von einigen Zoll oder einer viertel
Elle von der abzuleitenden Kette angebracht gewesen; so würde die allzustark angehäufte Bliz-
materie auf die ableitende Kette übergegangen
seyn; und dieser berühmte Mann würde also
durch dieses Hülfsmittel gerettet worden seyn.

cc) Der Bliz schadet niemals, ausser wenn
er keinen Weg findst, der ihn ableitet. Ausser jenem sehr traurigen Fall des Richmanns
fällt mir jetzo ein anderer bey, den man in
Potsdam im Jahr 1754 wahrgenommen. Ein
gewisser Naturforscher hatte unter dem Dach
seines Hauses eine metallene Röhre, welche auf
zwey Glasröhren stand, gelegt. Ihr oberstes
Ende ragte neben dem Dach ausserhalb hervor,
das andere aber lief mit einer angehängten Kette am Dache herunter, und war durch seidene
Schnüre gestüzt. Einstens gedachte dieser Mann
nicht an seine Instrumente, und war abwesend,
als plözlich ein Bliz mit einem erschröcklichen
Knall

Knall in die Röhre fiel; und am folgenden Tage fande er seinen ganzen Apparat zerrissen und
auseinander geworffen.   Der Bliz hatte die
Glasröhren zerbrochen, und einen Ziegel auf
dem Dach neben der ableitenden Kette durchbohret. S. Hamburg. Magaz I. 15.

Erhabene Oerter sind für andern dem Bliz
ausgesezt: feriunt summos fulmina mon-
tes.

Denn da sich die Wolken gemeiniglich in
einem niedrigen Theile der Atmosphäre sammlen, so stossen sie zuweilen an die hohen Berge
und Spizen hoher Gebäude.   Daher werden
die Kirchthürme oft vom Bliz getroffen, wenn
er keine Materie findet, die ihn ableitet. Denn
auch dieses ist nicht ungewöhnlich, daß zuweilen
der Bliz hohe Thürme schone, und wiederum
auf andere falle.   Wo aber der Bliz oft trift,
so ist Gefahr, daß er auf die nemliche Stelle öfters falle, woferne man die Höhe des Gebäudes nicht vermindert, oder Ableiter an demselben anbringt.   In Schweden (und auch an
vielen andern Orten) hat man Beyspiele genug,
daß der Bliz mehr als einmal den nemlichen
Thurn getroffen.

Zuweilen fällt der Bliz in eine Tiefe herab;
wenn dieses sich zuträgt, so ist es wahrscheinlich,
daß

daß es entweder von ohngefähr geschehen, oder daß die getroffene Stelle für allen andern die Eigenschaft besessen den Bliz abzuführen. Denn die Erde ist hin und wieder elektrisch, (S. Anmerk. ii) und wenn ihr also Wolcken mit entgegengesezter Elektricität angefüllt entgegenstehen, so wird sie sogleich vom Bliz getroffen, und an der Stelle eine Grube in die Erde gedrukt. Uebrigens ist der Unterschied des Knalls merckwürdig, denn wenn der Bliz eine Wolcke berührt, so ist er dumpf und fast unvernehmlich, wenn er aber auf einen irrdischen Körper gestoßen, so pflegt er hellautend und scharf zu seyn.

Schon die alten haben bemerckt, daß zuweilen Donner und Blize plözlich ohne Wolcken entstehen, ohngeachtet Lucrezius dieses verneinte. Denn so sagte Virgilius Georg. I. v. 489.

- - cœlo ceciderunt plura sereno
Fulgura

Und Ovidius Fast. 3. v. 339. 370

Ter tonuit sine nube Deus, tria Fulgura misit;

Credite dicente, mira, sed acta loquor.
Und Plinius hist. nat. L. 2. c. 51: Der Herennius ist bey heiterm Himmel vom Bliz erschlagen worden. Mehrere Zeugnüße der Alten über diese Sache findet man bey Musschenbroeck. Auch Scheuchzer erzählet, daß zu Bern ein Mäd-

Mädgen und drei Häuser, bey hellem Himmel,
vom Bliz getroffen worden. S. Deſſen Na-
turgeſchichte des Schweizerlandes, S. 11.

Zuweilen regnet es ohne Wolken, warum ſollte alſo nicht ein Bliz bey heiterem
Himmel fallen können ; S. Hartmann S.
225. Eine mit dünnen Feuchtigkeiten ange-
füllte Luft ſcheinet zuweilen rein und durch-
ſichtig zu ſeyn ; bringt man aber davon
ein angefülltes Glas unter die Luftpumpe und
verdünnet ſie, ſo wird man ſogleich Wolcken
oder kleine Wölckgen entſtehen ſehen, die ſogleich verſchwinden, ſobald man wieder die
äuſſere Luft zuläßt. Faſt auf die nemliche
Weiſe ſammlen ſich zuweilen in der Atmo-
ſphäre, ohngeachtet der Himmel heiter und
helle zu ſeyn ſcheinet, viele Dünſte, die ſchädlich werden, wenn ſie mit elektriſcher Materie
angefüllt wären.

dd) Um die Gewitterwolken iſt eine Atmo-
ſphäre, die bald enger, bald weiter iſt. Zuweilen
iſt ihre Tiefe von hundert Schuhe, oder berührt wohl gar die Erde ; und wenn dieſes
geſchiehet, ſo können wir uns ſelbſt, wie Monniere geſehen, leicht electriſiren, indem man
ſich auf einen kleinen Fußſchemel ſtellt und
die Hände gen Himmel empor hebt. Nach
dem Zeugniß des Wilke ziehen dergleichen tiefe
Wolcken Staub und Sand aus der Erde an.

Aus

Aus der Laage, Weite und andern Eigen=
schaften der Wolcken, lassen sich viele mit dem
Bliz verbundene Erscheinungen erklären. Denn
wenn von zwey Wolcken eine über der andern
stehet, und die eine elektrisch ist, die an=
dere aber nicht, oder von gegenseitiger Elek=
tricität, so wird der Bliz bald auf= bald nie=
derwärts fahren, je nachdem die Elektricität in
der obern oder untern Wolcke angehäuft ist.
Wenn aber die untere Wolcke der Erde sehr
nahe ist, so siehet man einen doppelten Bliz.
Daher können also auch die Blize verschiedene
Weege nehmen, und mancherlei Gestalten an=
nehmen.   Wenn die tiefere Wolcken durch das
öftere Blizen erschöpft sind, so erhalten sie
zuweilen aus denen über ihnen stehenden hö=
hern Wolcken neuen Zuwachs, und blizen von
neuem.

Wenn sich die Wolcken allmählig ange=
häuft, und der ganze Himmel umwolckt ist,
so hört es gemeininlich auf zu blizen, nur
dann und wann hört man noch einen Don=
ner.

Einzele Wolken, die hoch in der Atmo=
sphäre über die Erde weggehen, pflegen weder
zu blizen, noch zu donnern.   Und wenn sie
Regen von sich geben, so leuchten die herab=
fallende Wolken bey Nacht; dieses habe ich
zwey=

zweimal in dem Monat September im Jahre
1759 gesehen.

In Schweden sind die Blize viel seltener als in den Südländern. Doch aber
nimmt man sie oft in dem Sommer wahr,
besonders in dem Monat Juli, bey einer starken Hize. Im Frühjahr sind sie ungewöhnlich
auch in dem Herbste, noch seltener im Winter, aber doch nicht unschädlich. Ryzel erzählt,
daß der Himmel dreymal zu Stockholm am 31.
März im Jahre 1703. gedonnert habe, da der
Winter noch nicht völlig geendigt gewesen.

Die öftere Blize in warmen Ländern dienen zum Beweise, daß die Wärme viel dazu
beytrage, um die Elektricität der Atmosphäre zu
erwecken.

Der trockene oder nicht geschmolzene Schnee
ist darinn dem Eis ähnlich, daß er den elektrischen Schlag nicht fortpflanzen, und die elektrische Materie nicht durchlassen kann. Man
hat auch wahrgenommen, daß die Schneewolken
zuweilen elektrisch seyn, man hat aber von denselben keine Gefahr zu befürchten, woferne sie
nicht zugleich viel Wasser enthalten. Im Sommer ist zuweilen der Hagel mit Bliz begleitet,
gewöhnlich aber regnet es dabey; denn der Hagel dienet dem Bliz zu keiner Nahrung.

ee) Ich

ee) Ich sagte der Bliz habe zu jeder Zeit die Menschen erschreckt. Einige aber sind für denselben ausserordentlich furchtsam. Suetonius erzählt vom August, daß er die Gewitter sehr gefürchtet habe, und dieserwegen beständig das Fell eines Seekalbs bey sich getragen; und so oft er ein Gewitter vermuthet, so habe er sich in einen tiefen Ort versteckt. Auch sagte er vom Caius Cäsar, er habe sich bey dem geringsten Bliz gefürchtet, das Haupt umhüllt, und bey einem starken Bliz wohl gar unter eine Decke gekrochen. Fast die nemliche Erzählung macht Spartianus vom Severus. In dem Jahre 1569. am 24 Juni entstunde ein so heftiger Donner zu Stockholm, daß viele Personen in der Kirche für Furcht in Ohnmacht fielen. Der Donner aber, den man so ofte fürchtet, hat die wenigste Gefahr, denn sobald man ihn hört, so ist dieses eine Anzeige, daß die Gefahr, welche man vom Bliz zu befürchten hatte, vorüber seye. Daher sind folgende Worte Seneca sehr wahr: nemo unquam fulmen timuit nisi qui effugit.

Pferde und andere Thiere fallen oft bey jedem Blize auf die Erde. Im Jahre 1741 als der Bliz zu Hassled in dem Pfarrhause eine alte Tanne traf, so flohen alle Hühner aus Furcht plözlich in die Luft, und fielen wiederum halbtod zur Erde nieder.

Die Ziegen fürchten den Donner sehr; und
man versichert, daß auch die Ziegenfelle, nach
dem Tode der Ziegen, auf eine sonderbare
Weise verderbt würden, die Wahrheit dieser
Behauptung mögen die Naturforscher untersuchen. Viele geben auch vor, daß die Ratten
von einem starken Donner getödet würden;
allein ich bezweifle sehr diese Vorgebung.

ff) Ueber die Natur des Blizes haben die
Naturforscher viel gestritten. Die thörichte
Meinungen der Alten mag ich hier nicht berühren, wer sie wissen will, mag des Wilke Ge-
schichte des Blizes nachlesen. In neuern Zeiten, bis zu dem Jahre 1746, ist man kaum
über jene Meinungen weiter gekommen, und
man kann also die Lehre über den Bliz, vor
diesem Jahre, die dunkle nennen. Viele glaubten, der Bliz entstünde durch die Mischung einiger brennbaren Körper, so man durch die
Chymie zu erforschen hoffte, und überlegte dabey nicht, wie schwer es seye, diese Meinung
mit dem Ursprung des Blizes aus den Regen-
wolcken zu vereinigen. Sie unterstüzten aber
ihre Meinung durch verschiedene Beweise, auch
durch Beyspiele, von welchen ich nur zwey,
deren Wolf gedenckt, anführen will. Das
eine, dessen auch Hofmann in den obseru.
phys. Chym. p. 340. gedenckt, ist folgendes. Es trug sich zu Zellerfeld in dem Jahre
1698

1698 zu, daß sich in einer Apotheke der bal-
samus sulphuris terebinthinatus, den
man im Sandbad digerirte, wegen dem zustar-
ken Feuer entzündete, und das Glas mit einem
entsezlichen Knall zersprengte. Ein Knab in
dem Vorhof des Laboratoriums wurde dadurch
erschreckt, und rannte seinen Kopf an der Wand
wieder, ein anderer, der an der Thüre stand,
wurde niedergeworffen. Der Boden des Glas-
kolbens blieb im Sande zurück, und der Hals
wurde durch das Fenster mit großem Ungestimm
geworffen. In dem Laboratorium wurden
zwey Fenster mit dem Gegitter zerbrochen,
und die übrige Fenster herausgeschlagen. In
der nächsten Kammer wurden die Steine
auf dem Boden zerbrochen, die Schwellen
an den Thüren zerstöhret, das Fenster hin-
ausgeworffen, und die Thüre der Speisekam-
mer mit einem Stoß eröfnet. Endlich waren
in dem Arzenei-Zimmer die Fenster hinausge-
stoßen, aber nicht zerbrochen.

Das andere Beyspiel ist folgendes. In
dem Jahre 1718 hatten einige Becker, zu Bres-
lau, in einem Backofen, der schon warm und
fast glühend war, vieles Holz eingelegt, und
das obere Luftloch nicht verschloßen. Da nun
einer von den Knechten das brennende Holz
zusammenstoßen wollte, so brach eine heftige
Flamme mit einem Knall los, verbrannte sei-

R 2   nen

nen Bart, und wurff einen andern, der eine
schwere Last Brod trug, vier Ellen weit weg
und zur Erde nieder.   Hierauf wütete die Flamme hin und wieder in dem Backhaus stürzte ins
Kamin, und weil selbiges verschlossen war so
brach sie einige Steine aus, kehrte zurück, stürzte
sich in einen andern Ofen und zerbrach ihn.
Denn stürmte die Flamme in den Keller, durch
ein Loch in das Backhaus zurück, brach das
größte Fenster aus, und warf es vier und zwanzig Ellen weit auf die Straße weg.   Zulezt
schimmerte die Flamme wie ein Bliz, gab einen
hellen Schein von sich und verlöschte plözlich.

gg) Nachdem man die elektrische Natur des
Blizes entdeckt hatte, so fieng man an alles deutlicher einzusehen.   Denn bey einer reiffen Ue-
berlegung fande man, daß die Schwierigkeiten
viel geringer seyn, wenn man den Ursprung
des Blizes von der Elektricität, als von irgend
einer andern Ursache herleitete.   Zur Erklärung
der Natur des Blizes ist die Lehre von der Elektricität so hinreichend, daß man dabey weder
eine mühsame Auslegung noch zweifelhafte Beweise nothwendig hat weil fast alles von selbst
in die Augen fällt.   Die Hauptsache dabey aber
ist zu finden, was die Elektricität seye? Nun
siehet man aber leicht, daß die elektrische Materie flüssig, sehr dünne und würcksam seye.
Die Meinung des Dufay daß es eine doppelte
Elek-

Elektricität gebe, die eine glasartig, die andere
harzig, ist noch nicht hinlänglich erwiesen. Hingegen die Meinung des Francklin über diese Sache empfiehlet sich so durch ihre Simplicität
und Anschein der Wahrheit, daß man ihr auch
selbst wieder Willen Beyfall geben muß. Dieser
vortrefliche Mann glaubte, oder scheint vielmehr solches selbst in der Natur gefunden zu
haben, daß in jedem Körper eine gewisse Menge
elektrischer Materie vorhanden, die sich durch eine
angebohrne Kraft zu erhalten strebte; wenn sie
sich verringert, so entstünden die elektrische Erscheinungen, bis der Mangel wieder ersezt wird;
im Gegentheil wenn sich die elektrische Kraft vermehrt, so geschiehet das nemliche, als wenn die
Materie zuviel, und wegen dem Ueberfluß sich
zerstreut. Daher nannte Franklin eine negative
Elektricität den Mangel der elektrischen Materie,
der einem Körper gegen die Natur wiederfährt;
und eine positive die ungewöhnliche Anhäufung
dieser Materie. Was für ein grosses Licht aber
diese Lehre in der Elektrologie aufgesteckt, kann
ich hier wegen Mangel des Raums nicht umständlich berühren; dieserhalb bitte ich meine
Leser, daß sie den Wilke nachlesen, der in seiner Abhandlung über die contraire Elektricität,
wie auch in seinen Anmerkungen zu den Brie-
fen des Franklin, weitläuftig über diese Sache
gesprochen hat, so daß man dazu weiter nichts
beysetzen kann. Denn würklich bleibt so wenig

Zwei-

Zweifel und Schwierigkeit bey dieser Sache übrig, daß wenn man auch etwas dabey vermis-
sen sollte, oder etwas fände, das mit der Natur nicht wohl übereinstimmte, so müßte man
dieses eher unserer Unwissenheit als der Frank-
linischen Hypothese zuschreiben. Da aber Franklin behauptet, daß die negative elektrische Körper
die Elektricität andern Körpern wegnehmen
und an sich ziehen, so scheinet dieses einen Wi-
derspruch dadurch zu erleiden, indem ein Wind
aus negativ electrischen Spitzen zum Vorschein
kommt. Wilke aber in der angeführten Dissertation zeigte durch einen sinnreichen Versuch,
daß die gläserne Elektricität würklich einen Ueberfluß habe. Er bestrich nemlich eine metallische Spitze mit Phosphorus, wovon die Dünste in einem dunkelen Zimmer, gleich einem
Nebel verwirrt und ungestümm emporsteigen,
wenn man aber die elektrisirte Glaskugel um-
wendet, so sammlen sie sich glänzend und ge-
staltet wie der Schweif eines Cometen. Daraus folgt aber, daß die elektrische Materie aus-
fliesse und die lauffende Dünste mit sich wegnehme. Da ich den Erfolg zu wissen begierig
war, wenn man zu diesem Versuche negativ
electrische Spizen nähme, so ersuchte ich Herrn
Wilke schriftlich, einen Versuch damit anzustellen. Und weil er mir hierauf geantwortet,
daß er keinen Phosphorus habe, so übernahm
ich es selbst den Versuch zu machen, und bediente

diente mich dabey einer kleinen gläsernen mit
Sand geriebenen Kugel. Ich wunderte mich
aber nicht wenig, als ich keinen andern Erfolg
sahe, als was man bey den positiv electrischen
Spizen wahrnimmt. Am 5. Juni im Jahre
1763. wiederholte ich den Versuch in meinen
physischen Vorlesungen. Nachher schrieb mir
Herr Wilke, daß er das nemliche bey seinem
Versuch bemerkt habe. Auf diese Art sind wir
beyde zu der nemlichen Zeit auf die schwerste
Stelle der Francklinschen Hypothese gestossen.
Hieraus folgt aber, daß es zwey Arten von
electrischer Materie gebe, wovon die eine überall auf die nemliche Weise würket, aber doch
der andern so zuwider, daß sie selbige zerstöhret, und wiederum von derselben zerstöhret wird.
Auch scheinen diese beyde Arten, wo sie angetroffen werden, sich zugleich zu entwicklen. Unter andern dienet dieses auch zum Beweiß, (wie
mir Wilson berichtet) daß von zwey Stücken
einer Siegellackstangen, das eine positiv und
das andere negativ electrisch werde. Auch das
ist wunderbar, daß wenn die Oberfläche der
Körper verändert worden, auch oft die Art der
Elektricität dabey sich mit verändert. So äus-
sert ein polirtes Glas, in der Berührung aller
anderer Körper, eine positive Elektricität; und
wenn es mit Sand gerieben wird, eine negative Elektricität; doch behält es die positive, wenn
man es gegen Seide oder Baumwolle wendet.

R 4 Fer-

Ferner wenn A an B gerieben wird, so wird jenes +, und wenn man eine andere Methode der Friction gebraucht, so wird A —. Diese Versuche zeigte Wilson dem Delalande als er in London war, und dieser hofte, dabey daß durch diese Versuche der entstandene Streit zwischen Nollet und Leroi könnte beygelegt werden. Daß sich auch durch die Wärme die Arten der Elektricität verändern können, beweisen meine Versuche, die ich mit den Seidenwurm angestellt, und wovon ich anderwärts gehandelt.

Eine andere Hauptfrage ist, woher erhalten die Wolken ihre Elektricität? Viele glauben, man könne die ganze Sache durch ein wechselseitiges Reiben erklären. Denn Lomonosow zeigte, daß die Luft in der Atmosphäre theils perpendiculär, theils schief ihre Richtung nähme; und wenn dieses geschiehet, so glauben einige, daß durch die Friction der ätherischen Oele, welche der Luft beygemischt sind, die Elektricität sich erzeuge. Wilke macht hierwider die gegründete Einwendung, daß dadurch wohl ein Schimmer, aber kein Bliz entstehen könne, weil durch die Zusammenmischung der positiven und negativen Theile beynahe alle Elektricität verlohren gehet. Canton in den Transact. Philos. vom Jahre 1753. S. 357. muthmaßt, daß die plözlich ausgedehnte Luft in den Körpern und nahen Wolken die Elektricität entwickle, und wenn sich selbige im Gegentheil ver-

verdickt, auch wiederum wegnehme. Dieses ist
würklich eine scheinbare Muthmaßung, zumal
wenn man Rücksicht nimmt, auf die Gewalt
der Wärme, bey der Ausdehnung der Luft und
Erzeugung der Elektricität. Leroi, in den Memoires de l'Academie de Paris 1755.
schreibt den Ursprung des Blizes den schwefe-
lichen Dünsten zu; er glaubte nemlich, wenn
sich diese Dünste in den Wolken ansammleten,
so würde eine große Menge elektrischer Materie von der Wärme ausgetrieben, wodurch die
nahe Körper eine positive, die Wolken aber eine negative Elektricität erlangen. Denn der
Schwefel, dessen Geruch man zuweilen beym
Donner wahrnimmt, wird während der Explosion des Blizes erzeugt. Hierzu kommt noch,
daß der Schwefel keine Kennzeichen von Elektricität von sich giebt, wenn er nicht geschmolzen ist; dieses kann er aber nicht durch die
Wärme der Atmosphäre. Wilke legte in den
Schwedischen Abhandlungen vom Jahre 1759.
die Frage vor, ob etwa die Luft einigermaßen
durch die Sonnenstrahlen geschmolzen, und mit
der ursprünglichen Elektricität bereichert werden könnte, und ob sie nachher, wenn sie verdünnet emporsteigt, diese Elektricität, den vorkommenden Dünsten mittheilen könne? Vielleicht
erhält denn erst die sublimirte Luft die Elektricität, wenn die tiefere Luft erkaltet ist, wie dieses ohngefähr bey dem Schwefel geschiehet.

R 5 Sehr

Sehr wahrscheinlich ist es, daß die Erde zuweilen hin und wieder elektrisch werde, (S. Anmerk. 11) und ihre Elektricität den Wolken
und Dünsten mittheile, die nachher andere
Dünste anziehen und elektrisiren.

Bey dem Weg welchen der Bliz nimmt,
beobachtet man viele wunderbare Dinge. So
weiß man z. B. aus der Erfahrung, daß wenn
unter mehreren Körpern einige mit Gold überzogen sind, diese leztere allein vom Bliz angegriffen werden, die andere aber, wenn sie auch
näher sind, davon verschont bleiben. Auch aus
einer Versammlung von vielen Menschen werden einige vom Bliz niedergeworffen, und die
andere bleiben unversehrt. Es läßt sich aber
daraus leicht die Uebereinstimmung des Blizes
mit der künstlichen Elektricität erkennen, wenn
man überlegt, was zu geschehen pfleget, wenn
man einen elektrischen Schlag auf eine verguldete Glastafel oder Silberpapir leitet, oder ihn
durch einen Hauffen Chartenblätter, zwischen
welchen Goldblätgen liegen, führet. Darinn
stimmen alle Versuche überein, daß die Elektricität allezeit den Weg nehme, wo sie Körper
findet, die nach dem Geseze der Attraction sich
einander nähern; bey dem Blize aber hat man
bis jezo nicht die Bedingnisse dieses Verfahrens
ausfündig machen können.

Ver-

hh) Versuche mit dem Blize kann man auf verschiedene Weise anstellen. Von Anfange bediente man sich hierzu meistens eiserner Stangen: und man glaubte, (bis Richmann durch seinen Tod die Gefahr zeigte) daß es eins wäre, wie man diese Stangen sezte, wenn sie nur dabey auf solchen Körpern ruheten, die den Ausfluß der gesammleten Elektricität verhinderten. Beccarius errichtete einen Apparat, den ich hier mit wenigen Worten beschreiben will. Auf zwey Thürnen, die so wenig von einander entfernt waren, daß man Eisendrath von dem einen zu dem andern spannen konnte, wurden einzele Bretter gelegt. In iedem derselben war ein Loch, und in demselben ein starker gläserner Kegel bevestiget. Den obern Theil des Kegels umgab er mit einem Ring der an einen andern Kegel gelöthet war welcher aus überzinnten Eisen bestand, hohl war und sehr spiz zulief. Hierauf ließ er einen Eisendrath durch den Zwischenraum der Kegel und leitete von diesem einen andern Eisendrath in seine Studirstube. Durch diesen Apparat hoffte er die atmospärische Elektricität und wenn sie auch noch so klein wäre, zu erforschen; um sich aber dabey vor der Gefahr zu sichern, so hieng er in sein Zimmer, nicht weit von der Maschine einen Bündel Eisenfäden, welche er die Fäden des Heils nannte, die mit ihren Enden in einer angefeuchteten Erde stacken.

Ro-

— Nomas gebrauchte von Anfange eiserne Stangen, nachher aber einen papiernen. Drachen, welcher drei Schuhe breit und sieben Schuhe hoch war, und mit einem 730 Schuhe langem Strick vereinigt, an welchem ein metallischer Faden befindlich. Dieser Strick hieng an einer blechernen Röhre, die durch seidene Stricke drei Schuhe hoch über der Erde stund. Der also verfertigte Drache stieg ohngefähr 550 Schuhe hoch. Wenn eine Gewitterwolcke vorbey zog, gab die Röhre, in einer Entfernung von fünf bis sechs Zoll so starke Funcken von sich, daß fünf Menschen, die mit geschlungenen Händen dabey standen, durch die Berührung der Röhre eine Erschütterung des ganzen Körpers spührten. Es kam auch eine Flamme zum Vorschein, deren Geräusch man auf zweihundert Schritte weit hören konnte. Inzwischen konnte man keinen Bliz und keinen Donner wahrnehmen, doch flog der Drach höher. Einiges Spreu wurde von der Röhre angezogen. Nach Verlauf einer viertel Stunde regenete es einige Tropfen. Die Beobachter hatten dabey eine Empfindung im Angesichte, als wenn ein Spinnen-Gewebe in der Luft herumflöge, und sie hörten dabey ein Gezisch wie von einem Blasbalge. Bald darauf hörte man drei Knall, welche die Stadtleute für Donner hielten. Das Seil gab in der Breite von drei bis vier Zoll einen

Schim-

Schimmer von sich; des Nachts würde sich
selbiger gewiß noch einige Schuhe mehr verbreitet haben. Unter der Röhre fande man in
der Erde ein Loch, das einen Zoll tief und einen halben Zoll breit war. Diesen Versuch
stellte Romas an in dem Jahre 1753 in den
Monaten Mai und Juni. S. Memoires
de Mathematique et Physique des Sça-
vans étrangers. p. 393-408.

Francklin beschrieb seinen Drach in seinem
zehnten Brief, am 19 October im Jahre 1752.
Er richtete eine mit Schellen versehene Stange in dem Monat September auf. Die Schellen lauteten, so ofte eine schwarze Wolcke vor-
beyzog, obgleich kein Donner und Bliz damit
verbunden war. Zuweilen erfolgte auf das
läuten ein Bliz, und bald darauf fieng jenes
wieder an. Damit er aber die Art der Elektricität in der vorübergehenden Wolcke erkennen
mögte, so lud er eine Flasche mit Bliz, und
die andere mit Elektricität von der Maschine.
Anzeige einer positiven Wolcke war, wenn die
kleine Kugeln von Rinde, die an seidenen Fäden
hiengen, an beyde Flaschen anschlugen; und
und im Gegentheil von der negativen Elektricität, wenn diese Kugeln von der einen Flasche
angezogen, und von der andern zurückgestoßen
wurden. Am 12 April im Jahre 1653 fand
er die Elektricität des Blizes negativ, er sahe
auch

auch keine positive eher, als am 6 Juni. Nachher war sie wechselsweis positiv und negativ.

Mazeas hieng auf dem Schloß des Marschalls von Noailles einen Eisendrath, 370
Schuhe lang in seidenen Stricken so auf, daß
sein Ende fast neunzig Schuhe über dem
Horizont hervorragte. Darauf fieng er seine Beobachtungen am 14. Juni 1753. an,
und sezte sie bis an das Ende des Octobers fort.
Er bemerckte daß der Faden täglich, wenn die
Luft trocken war, von dem Aufgang der Sonne an bis um sieben oder acht Uhr des Abends
elektrisch war, und in einer Entfernung von drei
bis vier Linien leichte Körper an sich ziehe, und
wenn man ihn mit der Hand berührte, innerhalb drei bis vier Minuten wieder elektrisch werde.
Bey einem Sturm wich die Elektricität nicht
weg, ohngeachtet man den Faden mit der Hand
berührte. Leichte Körper werden nicht besser angezogen als jene vielfache Fäden, vielmehr erhalten
sie die einmal verlohrne Elektricität viel spater wieder. Die Orkane, weil sie ohne Blize sind, vermehren die Elektricität nicht; auch die Winde
verändern nichts, wenn sie nur trocken sind. Die
allertrockenste Nacht zeigt keine Spuren der
Elektricität; denn selbige verräth sich erst mit
Aufgang der Sonne, und hört eine halbe
Stunde nach ihrem Untergang auf. Wenn
aber Gewitter = Wolken über dem Horizont
auf-

auffteigen, fo nimmt die elektrifche Kraft zu
und vermehrt fich, bis die Wolken zerftreut
S. Phil. Transact. 1753. P. 377-384.

Canton bediente fich, um die meteorifche
Elektricität zu erforfchen zweyer Kugeln aus
Rinde, die in einem kleinen Käftgen aus Bux-
baumholz aufhiengen. Wenn diefe Kugeln
elektrifch werden, und man das Kiftgen in die
Höhe hebt, fo ftoffen fie fich einander fort. Nä=
hert man ihnen wohlgeriebenes Siegellack, fo
wird die Repulfion verringert von der pofiti-
ven Elektricität, und vermeht von der negativen. Canton fande zuweilen bey heiterm Him=
mel die Luft elektrifch, niemals aber bey Nacht,
auffer wenn ein Nordfchein zugegen war. In
den Monaten Jenner, Februar und Merz fahe
er die Elektricität zwanzig und funfzigmal,
bald pofitiv, bald negativ, wobey Regen und
Hagel fiel. S. Philof. Transact. 1754.

Diefes find nun ohngefähr die Erfindungen der Neuern, aus welchen man abnehmen
kann, daß die Natur der Elektricität und des
Blizes die nemliche feye. Die Zeit wird meh=
rere und wichtigere Dinge davon entdecken.

Wilke erfand neulich einen Apparat, der
zu diefen Verfuchen fehr bequem ift, und wovon ich hier eine kleine Befchreibung mittheilen
will. Man

Man erbaut ein kleines Haus, in Gestalt einer Bauernhütte, in welcher man in den Mayerhöfen Schellen aufhängt, um die Arbeitsleute und Schifözimmerleute zusammenzurufen. Man bringt zwey starke Pfähle, so anderthalb Ellen von einander entfernt sind, in die Erde, daß sie darinne unbeweglich stehen. Darauf werden sie mit einem Zwerchbalken bevestiget, und oben auf die Spitze ein Gitter gelegt, über welches ein viereckig Dach aus Brettern erbaut wird. Auf der Spize des Dachs läßt man ein rundes, einen halben Schuh breites Loch. Nothwendig aber ist es, daß dieses Gebäude sechs oder sieben Schuhe hoch über der Erde erhaben seye. Man kann es auch mit einer Oelfarbe oder Pech überstreichen.

In der mittelern Oefnung ist eine Stange, sechs bis sieben Ellen lang; an ihrem untern Ende ist sie dicker, oben schmäler, und ihr Ende lauft endlich sehr spiz zu. Sie hängt an sechs seidenen Stricken, von welchen drei oben bevestigt sind, die übrige aber unten; insgesammt sind sie aber nach einem Dreieck an dem untern Theil des Dachs geordnet, von da gehen sie über Rollen unterwärts, und sind an die Nägel in den Pfählen bevestigt. Auf diese Weise ziehen drei Seile niederwärts, und drei andere aufwärts, wodurch die Stange nach gefallen bewegt werden kann, oder auch
so

so beveſtiget werden, daß ſie ſich durch keinen
Wind bewegen läßt. Hinreichend iſt es, wenn
die Stricke in der Länge einer Elle ſeiden
ſind, das übrige aber von ihnen kann von Hanf
ſeyn. Damit aber die Stricke nicht durch
den Regen naß werden, ſo muß man die Oefnung des Dachs mit einem Kegel aus verzinn-
tem Eiſenblech bedecken, und das Fundament
des Dachs mit abhängenden Balcken umgeben.

Das untere Ende der Stange iſt rund,
und eine viertel Elle von dem Queerbalcken
entfernt. Eine andere eiſerne Stange, die
oberwärts gerundet iſt, auf- und abwärts be-
weglich, und an eine Spindel beveſtiget wird,
ſtehet jener großen Stange grade gegen über,
ſo daß zwiſchen beyden Stangen Funcken gehen
können. Die kleine Stange iſt durch eine
Kette mit dem Boden vereiniget. Von der
größern Stange aber, die man an einem
erhabenen Orte aufrichtet, leitet man kleine
Ketten oder eiſerne Fäden bis zu dem Stande des Beobachters. Alſo kann man durch
den Gebrauch der Schellen, der Kugeln aus
Rinde, einem Glasſtab, und andern Hülfs-
mitteln die Art der Elektricität leicht erforſchen. Uebrigens iſt es nicht gut, dergleichen
Apparat in einem Hauſe einer Stadt zu er-
richten, indem man zu befürchten hat, daß

die kleinste Nachläßigkeit großen Schaden an-
richten könne. Will man sich dieser Zurüstung in einer Stadt bedienen, so muß man
dabey allen Fleiß und Sorgfalt anwenden.

ii) Es scheinet daß schon die Alten bemerckt, daß der Bliz zuweilen aufwärts von
der Erde empor steige. Dieses sind vielleicht
jene unterirrdische Blize, deren Seneca ge-
denkt. Deutlichere Beyspiele findet man bey
den neuern Schriftstellern. So hat, andere
Beyspiele zu geschweigen, der Marggraf Sci-
pio Maffei, als er in den Jahre 1713 rei-
sete, und wegen eines Regens sich mit seiner Gesellschaft in das Schloß Fosdinovo be-
gab, in dem untern Zimmer aus dem Boden weiße und bläuliche Flammen hervorbrechen sehen. Diese Flammen hatten sich eine
Zeitlang hin und her bewegt, sich endlich in
einen Hauffen zusammengezogen, und gegen
die Gesellschaft gewendet, bald darauf aber
wieder getrennt, und mit einem großen Geräusch verschwunden. Ueberall sahe man
Spuren von Flammen in den verbrennten
Wänden, auf dem Fußboden und an der
Decke; der Kalch war von der Wand aufgelöset, und ein Bret oben an der Decke
gesprungen; doch ohne jemand von der Gesellschaft zu verlezen. S. Maffei della

For-

Formazione d' Fulmini Verona 1747.
Lett. 1. Hieronymus Lioni hatte Anfangs
an diesen der Erde nahen Blizen gezweiffelt,
nachher aber selbige geglaubt, weil er mit
seinen eigenen Augen eine Flamme beobachtete,
die aus dem Boden entstand und endlich
mit einem heftigen Knall verschwand. S.
dessen Brief an Herrn Burgos, Professor
zu Padua, in Diar. Ital. T. 82. art. 8.

Zu den unterirrdischen Blizen scheinen
auch diejenige zu gehören, welche man zu
Bononien und Potsdam wahrgenommen, und
von welchen ich oben gesprochen. (cc.) Eben
dieses glaube ich auch von dem Bliz, wel=
cher die Kirche Ostervall getroffen. Einige
haben auch geglaubt, daß Richmann von ei=
nem solchen Bliz getroffen worden, weil die
Thüre gesprungen war, und Sokolov sahe,
daß ein Funcke von dem Brett des Zeigers
herausgesprungen. Diejenige Personen, die
vor der Thüre des Hauses gestanden, sezen
noch hinzu, daß eine Feuerkugel aus der
Wolcke auf die Stange gefallen seye, ohn=
geachtet die Wolcke sechs Grade von dem
Scheitelpuncte entfernt gewesen.

Vor

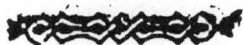

Vor dem Maffei hat Niemand von den neuern Schriftstellern dieser unterirdischer Blize erwähnet. Nach seiner Zeit aber glaubten viele daß jeder Bliz von der Erde aufwärts empor stiege. Selbst Francklin, da er ofte negativ elektrische Wölcken angetroffen, glaubt, daß ein großer Theil von Blizen von der Erde aufstiege; denn der Mangel elektrischer Materie, welches er negative Elektricität nennt, könne nur aus der Vorrathskammer der Erde wieder ersezt werden. Da man aber neulich beobachtete, daß auch die negative Elektricität, aus Körpern, die davon voll sind ausfließe, so ist offenbahr, daß der Bliz nicht empor steigen könne, wenn die Erde nicht an einem oder dem andern Orte elektrisch worden, und eine elektrische Wolcke über derselben an dem nemlichen Orte vorbeyziehe.

Daß zuweilen die Erde sehr elektrisch seye, kann man durch viele Gründe beweisen. Denn erstens weiß man, daß von hohen Bergen die Wolcken bald angezogen, bald zurückgestoßen werden, dieses aber wäre unmöglich, wenn die Berge nicht selbst Elektricität enthielten, und dadurch die nicht elektrische Wolcken, oder die mit einer gegenseitigen Elektricität versehene Wolcken anzögen, andere

dere aber ähnliche elektrische zurückstießen. Zuweilen ist die untere Fläche der Wolcken fast eben, und dieses ist eine Anzeige, daß sie von der Erde weit weggestoßen werden: denn Wilke hat beobachtet, daß etwas ähnliches sich ereigne, wenn man seidne Cylinder in ein elektrisirtes Gegitter lege. Es scheinet auch kein Wunder zu seyn, daß die Erde hin und wieder elektrisch seye, wenn man überlegt, daß in den Bergen häufiger Schwefel vorhanden, und wenn selbiger durch eine unterirrdische Wärme geschmolzen eine starke Elektricität entwickelt. Der Zeylansche Turmalin wird durch eine mäßige Wärme elektrisch, auch giebt es andere Steine, von welchen Willson gezeigt, daß sie die nemliche Eigenschaft besizen z. B. Corneus cry stallisatus viridis Wallerii, von welchem man eine große Menge in den Amerikanischen Bergen antrift. Ich zweifle aber nicht, daß auch in unsern Bergen dergleichen Steine in der Erde befindlich seyn, die nicht nur unterirrdische Blize erzeugen, sondern auch elektrische Dünste der Atmosphäre dareichen können. S. Act. Acad. Suec. 1759.

ii) In Rücksicht der Dicke der Wetterableiter glaube ich, daß es hinreichend seye, wenn sie einen Zoll breit sind. Doch ist,

S 4   es

es gut, daß sie unten etwas dicker seyn, und von da nachher enger werden, und sich in eine scharfe Spize endigen. Auf die Spize kann man einen Stern oder Kugel, welche viele Spizen hat, sezen. Sie muß solang seyn, daß sie ohngefähr zwey Schuhe über die Spize des Hauses oder Thurns hervorrage. Denn wenn eine Gewitterwolcke so hoch vorbeyziehet, daß ihre Atmosphäre die Stange nicht erreicht, so wird man davon keine große Gefahr zu befürchten haben. Es gielt aber gleich viel aus welchem Metall die Stangen gemacht werden; doch dauert das Eisen länger, und ist auch wohlfeiler. An dessen Statt kann man auch Eisenblech mit Zinn überzogen, gebrauchen. Runde und eckige Stangen bringen die nemliche Würkung hervor. Große Häuser muß man mit zwey Stangen, die an dem Ende des Dachs oder auf einem Thurne angebracht sind versehen; bey kleinern Häusern ist schon eine Stange hinreichend. Auf den Kirchthürmen muß man die Spize der Stange, auf welchem der Wetterhahn stehet, vergolden; und wenn diese Spize mit einem Kreuz versehen, so müssen seine Aerme sehr spizig seyn.

Stru-

Structur der Wetterableiter auf dem Dache.

Das Dach kan mit Metallblatten, Ziegel, Balcken oder Rasen bedeckt seyn. Doch sind die Metallblatten besser, indem sie zugleich die Ableitung an den Wänden ersezen, wenn man die Stangen mit den Blatten vereiniget. Gut ist es auch, wenn man das Dach auf der Spize und den Fugen, und neben den Zierrathen mit Metall bedeckt. Auf den Ziegeldächern aber muß wenigstens der halbe Theil der Spize und die Ecken mit Metall bedeckt seyn, wenn das Haus klein ist, und muß einen einzeln Gipfel haben, und an keinem erhabenen Orte liegen: denn sonst muß man die ganze Spize nund die zwey Winckel kreuzweis mit Metall bedecken. Eben dieses gilt auch von den Dächern so von Bretern oder Holz gebaut sind; bey Rasen aber, weil hier keine Metall-Blatten bevestigt werden können, muß man halbe metallene Röhren, wie die Dachrinnen, von dem Dach auf dem kürzesten Weeg an die Wände herabführen.

An den so genannten italienischen Dächern muß die Ableitung des obern Dachs mit dem untern vereinigt seyn. An den Kirchen aber muß von der Stange, worauf der Wetter-hahn

hahn sizt, eine Reihe Metall-Blätgen, sie eine
viertel Elle breit, auf der äussern Fläche des
Thurns angebracht werden. Ueberdies umgiebt man die Basis des Thurns mit einem
stachelichen Blech, in der Absicht, damit kein
Bliz der unterhalb dem Thurn vorbeystreiche
dem Gebäude schade.

Ableitung des Blizes an den Wänden.

Die aus Eisenblech verfertigte Dachrinnen
sind sehr dienlich den Bliz abzuleiten, wenn
man sie auf dem kürzesten Weg an die Erde
herunter führet, und mit den Metallblatten
auf dem Dach vereiniget. An ihrer Statt
kann man in dem einen oder andern Winckel
des Hauses metallene Blatten in einer Reihe
bevestigen. Die Dachrinnen der höchsten
Häuser versiehet man mit Spizen, um der
Gewalt der tiefer gehenden Wolcken zu widerstehen. Eine andere Ableitung bringt man
gegenüber an, in der Absicht, daß man die
niedrige Blize verhüte und ihnen bald eine
Materie darbiete, die sie ableitet. In kleinen
Häusern kann dieses wegen Enge des Raums
nicht geschehen.

Endzweck der Ableitung.

Wenn man die Ableitung bis an den
Boden gebracht, so wird sie daselbst durch
me-

metallische Canåle und Blätgens, die an
einander fortgehen, entweder über oder unter
der Erde mit dem nahen Waſſer vereiniget.
Hat das Haus eine doppelte Ableitung, ſo iſt
es ſchon hinreichend wenn man ſelbige nur an
einem Orte in die feuchte Erde einige Schuhe
tief herabſenkt. Dieſes gilt beſonders von
kleinen Häuſern, die dem Bliz weniger ausgeſezt ſind. Auch könnte man den Bliz in die
Keller leiten, wenn darinn keine Weine
oder andere geiſtige Geträncke liegen.

Durch dieſes Kunſtſtück kann man den
Bliz von den Häuſern abwenden. Es läßt
ſich aber auch hieraus leicht einſehen, was
man in Rückſicht der Blizableitung mit den
Schiffen zu thun habe. Nemlich auf der
Spize des Maſtbaums vereinigt man die
Stange mit einer Reihe Eiſenblätgen, deren
unteres Ende in die See herabgeht. Das
nemliche kann man auch an den Segelſtan-
gen thun.

Ueberhaupt muß man aber bey dieſer
ganzen Arbeit drei Stücke in acht nehmen;
das übrige aber kann man nach Gefallen
einrichten.

1) Die metallene Spizen muß man ſo
anordnen, damit die Wolcke ſelbige
nicht

nicht vorbeygehe, und der Bliz in das Haus selbst falle,

2) Die Spitzen müssen durch eine aneinander hängende Ableitung mit dem Wasser, oder feuchten Boden vereiniget werden. Ueber die Gestalt des Metalls, welches den Bliz ableitet, habe ich nichts zu erinnern, denn diese kann man nach Gefallen und Erforderniß wählen. Wenn anders nur

3) das Metall hinreichend ist, damit nemlich nicht etwa ein Theil davon von dem Bliz geschmolzen werde. Daher ist es besser Metallblatten, die eine viertel oder halbe Elle breit sind, zu gebrauchen, wenn man nur dabey Sorge trägt, daß sie nicht vom Rost angegriffen werden.

Man muß auch ausserdem verhüten, daß nichts von Metall, was in dem Hause befindlich ist, mit dem Apparat des Ableiters in Verbindung stehe, oder mit demselben zusammenhänge. Denn obgleich der Bliz aus dem Metall nicht hervorbricht, wenn selbiges veste und an einander hängend ist; so stehet doch zu befürchten, es mögte etwa ein Theil des Blizes in das Haus geleitet werden, wenn

seine

feine Gewalt zu ſtark wäre, oder wenn der Ableiter bräche. Beſonders aber iſt es nothwendig, daß das Metall ſolide ſeye, wenn ſich Holz in der Nähe befindet.

Ganze Städte können vor der Gefahr des Blizes verſichert werden, wenn man hie und da auf die höchſte Häuſer Ableiter anbringt.

11) Viele glauben der Bliz folge der Bewegung der Luft. Denn er fällt nicht ſelten in Schornſteine, in alte ausgeholte Bäume, und auf andere Derter, wo die Luft mit einiger Gewalt andringt. Die Luft gehört mit zu den idioelektriſchen Körper und läßt deswegen die Elektricität langſam durch; allein durch Bewegung und Heftigkeit des Windes entſtehet gleichſam ein luftleerer Raum in welchen der Bliz ſtürzt, weil er daſelbſt wenigen Widerſtand findet, und von den nahen Körpern zurückgeſtoſſen wird. Daraus aber, daß nemlich der Bliz der Bewegung der Luft folge, laſſen ſich viele Erſcheinungen, die mit demſelben vereinigt ſind erklären, z. B. jene Art Lufterſcheinung, ſo man feurige Kugeln nennt.

mm)

mm) Francklin ſagt, daß Reiſende bey
einem Gewitter unter freyen Himmel der Gefahr nicht ausgeſezt ſind, wenn ihre Kleider
naß werden : Denn er hat durch Verſuche
gelernt, daß angefeuchtete Ratten die elektriſche Schläge ohne Nachtheil ausſtehen. Ohngeachtet ich nun dieſen Verſuch nicht nachgemacht, ſo zweifle ich doch an der Richtigkeit
dieſer Behauptung, denn es iſt eine bekannte Sache, daß Fiſche in' einem Keſſel voll
Waſſer den Augenblick ſterben, wenn' man
einen ſtarken elektriſchen Schlag auf ſie bringt.
Wenn aber hier das Waſſer die Fiſche nicht
vor dem Tode beſchüzt, wie ſollten dieſes
naſſe Kleider bey dem Menſchen verrichten?
Daher glaube ich, daß Francklin bey jenen
Verſuchen ſich geirret habe.

Wenn einige glauben, daß ein bloßes
Schwerd, oder anderes ſpiziges Eiſen, wenn
man es in der Hand halte, zur Sicherheit
dienen könne; ſo mögten ſie ſich wohl hierin
irren. Denn wen der Bliz trift, den tödet
er nicht augenblicklich, wirft aber wohl die
Perſon zu Boden und verlezt ſie; dieſes dienet aber zum Beweiſe, daß der Bliz nicht
durch den ganzen Körper gedrungen; oder
wenn er ſich auch nach allen Seiten verbreitet, ſo kann man ſchlieſſen, daß er ſchwächer

als

als ein künstlicher elektrischer Schlag gewesen.
Mehr nützlich ist ein Sonnenschirm mit einem
eisernen Handgriff, und oben mit einer Spize. Bey einem Gewitter verbirgt man sich
unter denselben, hält ihn zugleich nieder auf
die Erde, ohne dabey den Handgriff zu berühren. Doch alle Gefahr ist damit noch
nicht geendiget; denn ein starker Donner-
schlag kann einen Menschen erschüttern und
zur Erde niederwerffen.

nn) Unter den neuerfundenen Sachen
findet man keine, die gleich Anfangs so nüzlich gewesen, als wie die Elektricität. Der
erste, welcher die Elektricität als ein Arzeney-
mittel gebraucht, war der Hallische Professor
Krüger; er hat einiges hiervon in einem
Buch niedergeschrieben, unter dem Titul: Zu-
schrift an seine Zuhörer, 1743. In dem
folgenden Jahre gab Kratzenstein seine Abhandlung von dem Nuzen der Elektricität heraus, und Quelmalz eine Schrift unter dem
Namen: Homo electricus. Vorzüglich
aber verdienen bemerkt zu werden, Bianchi und

Pivati. (Lettere della elektricità me-
dica 1747.) Diese schlugen eine neue Methode vor, wodurch die allerfeinste Theile von Arzeneien, durch Hülfe der Elektricität, in die
Körper der Krancken gebracht werden könnten. Sie versprachen dadurch Kranckheiten
zu heilen, und die Krancke mit Arzeneien
nicht zu beschweren. Winckler wiederhohlte
den Versuch zu Leipzig mit gutem Erfolge;
alle andere aber, ausserhalb Italien, erfuh-
ren das Gegentheil. Hieraus schließe ich,
daß die Italiener durch Vorurtheile sich selbst
betrogen. Derjenige wäre aber gegen die
Elektricität unbillig, der sie für unnütz, und
unbrauchbar in der Arzenei erklären wollte.
Denn viele Beyspiele und Zeugniße der
glaubhaftesten Männer beweisen das Gegentheil. (S. Illabert experiments ꝛc. p.
184-238. I. S. Deſſay diſſ. de hemi-
plegia curanda per electricitatem 1749.
J. G. Schäffers Würckung der Elektricität
in Kranckheiten 1752. Strömer und Lindhult
in den Schwedischen Abhandl. 1752-1753.

Speng-

Spengler Brief von der elektrischen Wirkung in Krankheiten. Kopenhagen 1754)

Ich selbst habe Nervenlähmung und Gliederschmerzen, die sehr alt und hartnäckig waren, durch die blose Elektricität gelindert und geheilt gesehen.

Si cito, iucunde, tuto medicamur
ubique,
Ut Cous injunxit, cura medentis
erit.
Hæc cita, tuta quidem sed non ju-
cunda dolenti est,
Sit pro subiecti corpore tuta ta-
men.

Die Naturwissenschaft ist durch die Elektricität sehr bereichert worden. Denn man weiß iezo, daß die Ursache vieler und wichtiger Dinge auf der Elektricität beruhe, oder doch von ihr mit herrühre. Von dem Bliz, Donner und andern Materien ist kein Zweifel; allein es sind noch andern Dinge ver-

bor-

börgen; welche die Zukunft entdecken wird.
Ich glaube nicht, daß man ehedem gewußt,
daß das Feuer, Licht, magnetische Kraft,
Nordschein, und andere Dinge, nur For-
men und Arten der nemlichen Materie seyn,
von welcher die elektrische Erscheinungen abhängen. Neulich hat man auch die Entdeckung gemacht, daß die elektrische Kraft in
den Thieren zugegen seye. Bißher war es
nur bekannt, daß man in unorganischen
Körpern die Elektricität hervorbringen könne; allein es diente zu keiner kleinen Verwunderung, als man sahe daß es Thiere
gäbe, die von selbst und nach eigenem Gefallen die Elektricität in sich erzeugen und
hervorbringen. Man weiß daß der Fisch
Raia Torpedo, wenn man ihn anfaßt,
sich rächt. indem er eine Erschütterung in allen
Nerven hervorbringt; und neulich kam man
erst auf die Muthmaßung, daß dieses durch
eine elektrische Erschütterung geschähe. Diese Muthmaßung wurde durch einen andern
Fisch, den man kürzlich aus Amerika gebracht, bestättiget. Er ist schlüpfrig, mit
einem

einem Schleim überzogen, und einem Uhle etwas ähnlich, ohngeachtet er zu dem Geschlechte Gymnotus zu gehören scheinet. Wenn man andere Fisch mit diesem in dem nemlichen Gefäße aufbewahrt, so bekommen jene Zuckungen und sterben, wenn sie ihn auch nicht berührt haben. Betastet man ihn mit dem Finger, so empfindet man sogleich eine heftige Erschütterung, als hätte man einen Schlag aus der Leydner Flasche erhalten. Es entstehet ein heftiger Schmerz und Taubheit der Glieder, wenn man den Fisch durch eine metallene Ruthe berührt. Im Gegentheil schadet es nichts, wenn man ihn mit Glas, Schwefel, Siegellack oder andern idioelektrischen Körpern berührt. Man muß sich aber wundern, daß sich eine so starke Elektricität in dem Wasser erzeugen und anhäuffen könne, da doch selbiges sonst als ein Ableiter angesehen werden muß: es läßt sich auch vermuthen, daß wenn man diesen Fisch weiter untersuchte, so würde man viel unerhörtes und neues bey demselben entdecken.

Inter-

Interea Physici studio non cedite
veſtro

Spes, vt res vltro promoueatur,
adeſt.

Quam natura ſuis monſtrat cultori-
bus artem,

Fructibus eximiis accumûlare
ſciet.

www.ingramcontent.com/pod-product-compliance
Lightning Source LLC
Chambersburg PA
CBHW021510210326
41599CB00012B/1200